园林植物造景

刘晓霞 ▣ 主 编

清华大学出版社
北京

内 容 简 介

本书依据园林行业标准规范、园林植物造景设计师工作岗位的实际工作内容和流程编写，借鉴植物造景设计基础理论，详细阐述了园林植物造景的原则、方法与技巧，包括乔灌木、地被草花、草坪藤本等各种类型植物的造景方式，以及各类绿地植物造景的方法。

本书主要针对高职高专学生群体，应用任务驱动的方式引导学生进行植物造景知识点的学习，基于高职高专学生的学情基础，结合实景图片解读园林植物造景知识，旨在提高高职高专学生植物造景的素养。

本书封面贴有清华大学出版社防伪标签，无标签者不得销售。

版权所有，侵权必究。举报：010-62782989，beiqinquan@tup.tsinghua.edu.cn。

图书在版编目（CIP）数据

园林植物造景 / 刘晓霞主编 . -- 北京 : 清华大学
出版社 , 2024. 10. -- ISBN 978-7-302-67439-9
　Ⅰ . TU986.2
中国国家版本馆 CIP 数据核字第 20241S5H26 号

责任编辑：杜　晓
封面设计：曹　来
责任校对：刘　静
责任印制：丛怀宇

出版发行：清华大学出版社
　　　网　　　址：https://www.tup.com.cn，https://www.wqxuetang.com
　　　地　　　址：北京清华大学学研大厦 A 座　　　邮　　编：100084
　　　社　总　机：010-83470000　　　　　　　　　邮　　购：010-62786544
　　　投稿与读者服务：010-62776969，c-service@tup.tsinghua.edu.cn
　　　质量反馈：010-62772015，zhiliang@tup.tsinghua.edu.cn
　　　课件下载：https://www.tup.com.cn，010-83470410
印　装　者：小森印刷霸州有限公司
经　　　销：全国新华书店
开　　　本：185mm×260mm　　　印　　张：8.75　　　字　　数：172 千字
版　　　次：2024 年 10 月第 1 版　　　　　　　　印　　次：2024 年 10 月第 1 次印刷
定　　　价：46.00 元

产品编号：107636-01

前　言

　　园林植物造景是高职园林工程技术、园林技术、风景园林等专业一门重要的专业课程。本书是根据园林工程技术专业、园林技术专业、风景园林专业培养目标、培养方案和课程标准的内容要求及部分地区园林绿地规划设计规范、标准等编写的。

　　本书的编写依据主要包括园林行业的标准规范、园林企业的指导手册、园林植物造景工作岗位的实际工作内容和工作流程等。本书借鉴以往的植物造景设计基础理论，用任务驱动的方式引导学生进行知识的学习。本书有以下五个特点。

　　第一，本书沿用新形式、新方法，基于高职高专学生的学情基础，用任务驱动式的方式，引导本书使用者展开知识的学习和查阅。

　　第二，本书沿用企业真实案例，结合案例和实景图片解读园林植物造景知识。

　　第三，本书遵循理实一体化原则，参考园林植物造景设计师岗位实际的工作内容与工作流程进行学习任务的设置。

　　第四，本书主要面向高职高专水平的学生，书中各项目均设置了实践任务，通过任务布置引出植物造景设计的理论知识框架，让学生在做中学、学中做、边做边学，以提高高职高专学生植物造景的能力。

　　第五，本书参考了园林植物造景的各大专业网站、专著和科技期刊，力求反映园林植物造景领域的核心技术要点。

　　本书由刘晓霞（江苏城乡建设职业学院）担任主编，窦逗（金埔园林股份有限公司）、章志红（江苏城乡建设职业学院）、任淑年（淮安生物工程高等职业学校）、朱晓强（江苏城乡建设职业学院）、隋国玉（潍坊市规划设计研究院）、张亚琳（潍坊恒信建设集团有限公司）担任副主编。段苏微（江苏城乡建设职业学院）、付麟岚（江苏城乡建设职业学院）、王康（江苏城乡建设职业学院）、王永亮（江苏城乡建设职业学院）、端木家曈（金陵科技学院）、孟静（江苏省规划设计集团）、赵雨荷（杭州市规划设计研究院）、陈冬（常州市思为市政建设有限公司）参与了本书的编写工作。同时，感谢刘铠尘、周以正、杨露、康小娟、宋婉霆、程雨等，他们为本书的细节校对付出了很多努力。

本书为"江苏城乡建设职业学院重点教材建设项目"资助教材。感谢合作企业金埔园林股份有限公司、常州市思为市政建设有限公司对本书的大力支持。

由于编者水平有限，本书不足之处在所难免，敬请广大读者批评指正。

编　者
2024 年 1 月

目　录

项目 *1* 园林植物的功能与作用

学习目标

1. 理解园林植物的功能与作用。

2. 能欣赏和解析园林经典案例中园林植物起到的不同作用。

3. 能进行园林植物生态功能、构筑功能、美化功能、实用功能的调研与总结。

任务布置

以学校的校园绿地环境为调研对象，分小组进行校园植物功能与作用的调研，解析在校园中园林植物如何发挥其生态功能、构筑功能、美化功能和实用功能。以小组为单位完成一篇图文并茂的"校园园林植物的功能与作用调研分析报告"。

任务实施

引导子任务 1：园林植物如何改善校园的生态环境？

_____

_____

引导子任务 2：校园绿地运用园林植物构筑了哪些空间类型？

_____

_____

引导子任务 3：园林植物在校园中哪些空间成为主景？在哪些空间成为背景？效果如何？

_____

_____

引导子任务 4：园林植物在校园中如何组织交通？

_____

_____

引导子任务 5：园林植物在校园绿地中还有其他功能与作用吗？请举例说明。

_____

_____

引导子任务 6：完成校园园林植物的功能与作用调研分析报告并进行交流分享。

_____

_____

知识解读

园林植物的功能主要包括以下几个方面：生态功能、空间建造功能、美学功能、实用功能等。园林植物在园林空间艺术表现中还具有明显的景观特色，而且具有陶冶情操、文化教育的功能。某些园林植物的种植还能带来一定的经济效益。

1.1　生态功能

园林植物是城市生态系统的第一生产者，在改善小气候、净化空气和土壤、蓄水防洪，以及维护生态平衡、改善生态环境中起着主导和不可替代的作用。

1.1.1　净化空气

光合作用时，植物可以吸收二氧化碳，释放氧气，因此植物就像一个天然的氧气加工厂，可以很好地维持空气中二氧化碳和氧气的平衡。

不少植物能吸收土壤、水、空气中的某些有害物质和有害气体，阻滞粉尘、烟尘，或通过叶片分泌出杀菌素，具有较强的净化空气的作用。如龙柏、罗汉松、樟树、女贞具有较强的抗二氧化硫能力，棕榈、大叶黄杨、紫薇、桂花具有抗氟化氢的能力。据数据显示，每公顷柳杉林每年可吸收 720kg 的二氧化硫。桦木、桉树、梧桐、冷杉、白蜡等都有很好的杀菌作用，$1hm^2$ 松柏林每天能分泌 20kg 杀菌素，能杀死空气中引发白喉、肺结核、伤寒、痢疾等疾病的细菌。每公顷绿地每天平均滞留粉尘 1.6～2.2t。因此，在园林中绿色植物可以维持空气中氧和二氧化碳的平衡，有效阻挡尘土和有害微生物的入侵，防止疾病的发生。

1.1.2　调节气温和湿度

在炎热的夏季，林荫下与水泥地之间温差十分显著，这是因为植物茂密的枝叶能够直接遮挡部分阳光，并通过自身的蒸腾和光合作用消耗热能，起到了调节温度的作用。在冬季，绿色树木可以阻挡寒风袭击和延缓散热，树林内的温度比树林外高 2～3℃。

植物的光合作用和蒸腾作用，都会使植物蒸发或吸收水分，这就使植物在一定程度上具有调湿功能，在干燥季节里可以增加小环境的湿度，在潮湿的季节又可以降低空气中的水分含量。因此以植物来改善室外环境，尤其是在街道、广场等行人较多处是很有意义的。

1.1.3　降声减噪

噪声作为一种污染，已备受人们关注。它不仅能使人心烦意乱、焦躁不安，影响正常的工作和休息,还会危及人们的健康,使人产生头昏、头疼、神经衰弱、消化不良、高血压等病症,甚至在一些极端的、高分贝噪声环境下会致人死亡。植物大多枝叶繁茂,对声波有散射、吸收的作用,如高 6~7m 的绿化带平均能降低噪声 10~13dB,对生活环境有一定的改善作用。

植物对于一些特定频率的噪声的消减比其他物体更有效。在阻隔噪声方面,植物的存在可使噪声减弱,其噪声控制效果受植物高度、种类、种植密度、声源、听者相对位置的影响。大体而言,常绿树较落叶树效果更佳。若与地形、软质建材、硬面材料配合,会得到良好的隔音效果。

1.1.4 防风

树木或灌木可以通过阻碍、引导、偏射与渗透等方式控制风速,树木的体积、树形、叶密度与滞留度,以及树木栽植地点,都影响控制风速的效应。群植树木可形成防风带、其大小因树高与渗透度而异。一般而言,防风植物带的高度与宽度比为 1:11.5、防风植物带密度在 50%~60% 时防风效力最佳。

1.2 空间建造功能

植物是一种特殊的、有生命的空间构筑材料,在景观设计营造过程中发挥着重要的作用。植物以其特有的点、线、面、形体以及个体和群体组合,形成有生命活力的、呈现时空变化性的动态空间。植物不仅可以限制空间、控制室外空间的私密性,还能构建空间序列和视线序列(见图 1-1)。

图 1-1

营建户外空间时，植物因其本身是一个三维空间的实体，故能成为构建空间结构的主要成分。由于植物的性质迥异于建筑物及其他建造材料，所以界定出的空间，也异于建筑物所界定的空间。植物作为一种有生命的材料，会随着自身的生长不断变化，从而使其构建的空间也在不断地变化。因植物枝叶疏密程度不同，可以形成声音、光线及气流与相邻空间的相互渗透性空间；因常绿、落叶植物的生理特征，可以形成随季节更替的季相变化性空间；因不同植物所特有的文化象征性，可以形成丰富多样的文化性空间。

植物具有的各种天然特征，如色彩、姿态、大小、质地及季相变化等，可以形成各种各样的自然空间，与其他的景观要素搭配组合，就能创造出更加丰富多变的空间类型。因此，园林植物造景师可充分发挥植物空间的特点，创造多样有机的柔性空间，丰富室外空间的构成类型，加强外部空间的亲和性。

利用植物可以营造空间序列，植物可有选择性地引导和阻止空间序列的视线，从而达到"缩地扩基"的效果，形成欲扬先抑的空间序列。好的空间序列包括起、承、转、合这些系列感受。

植物与地形相结合可以强化或弱化甚至消除由于地平面上地形的变化所形成的空间。如果将植物植于凸地形或山脊上，便能明显地增加地形凸起部分的高度，随之增强了相邻的凹地或谷地的空间封闭感。相反，植物若被植于凹地或谷地内的底部或周围斜坡上，它们将弱化和消除最初由地形所形成的空间，削弱地形的效果。

利用植物可以实现空间分割，建筑物所围合的大空间，经过植物这种软性材料的分割，形成许多小空间，从而在硬质的主空间中，分割出一系列亲切的、富有生命的次空间。乡村风景中的植物，同样有类似的功能，林缘、小林地、灌木树篱等，通过围合、连接等几种方式，将乡村分割成一系列的空间。

利用植物可以缩小空间，在外部空间设计中，通过对某一植物要素的重复使用，使视觉产生空间错位，可以取得缩小空间的效果。反之，植物还可以扩大拓展空间，可借助植物运用大小、明暗对比的方式，使室内空间得以延续和拓展。例如，利用植物具有与建筑天花板同等高度的树冠，形成覆盖性的空间，使建筑室内空间向室外延续和渗透，并在视觉和功能上协调统一。

1.3 美学功能

园林植物是一种有生命的景观材料，能使环境充满生机和美感，其美学观赏功能主要包括以下几方面。

1.3.1　创造观赏景点

植物本身具有独特的姿态、色彩、风韵之美，不同的园林植物形态各异，变化万千。设计师既可用孤植的方式展示植物个体之美，又可按照一定的构图方式造景，表现植物的群体之美，还可以根据植物的生态习性，合理安排，巧妙搭配，营造出乔、灌、草组合的群落景观。银杏、毛白杨树干通直、气势轩昂，油松曲虬苍劲，铅笔柏则亭亭玉立，这些树木孤立栽培，即可构成园林主景，而秋季变色树种如枫香、乌桕、火炬树及银杏等大片种植可以形成"霜叶红于二月花"的景观（见图 1-2）。许多观果树种如紫珠、海棠、柿子、山楂、火棘、石榴等的累累硕果可表现出一派丰收的景象。

图　1-2

由于有的植物还富有神秘的气味，从而会使观赏者产生浓厚的兴趣。许多园林植物芳香宜人，能使人产生愉悦的感受，如白兰花、桂花、蜡梅、丁香、茉莉、栀子、兰花、月季和晚香玉等，在园林景观设计中可以利用各种香花植物进行造景，营造"芳香园"景观，也可单独种植于人们经常活动的场所，如在盛夏夜晚纳凉场所附近种植茉莉和晚香玉，微风送香，沁人心脾。

色彩缤纷的草本花卉更是创造观赏景观的好材料。由于花卉种类繁多，色彩丰富，植株矮小，园林应用十分普遍，形式也是多种多样。既可露地栽植，又能盆栽摆放组成花坛、花带或采用各种形式的种植钵，点缀城市环境，创造赏心悦目的自然景观，烘托喜庆气氛，装点人们的生活。

1.3.2　作为背景烘托其他景物

园林中经常用柔质的植物材料来烘托建筑、雕塑、水体等其他景物。通过基础栽植等形式软化生硬的建筑、构筑物或其他硬质景观。选栽干高枝粗、树冠开展的树种衬托体形较大、耸立而庄严、视线开阔的主景建筑物，选栽一些枝态轻盈、叶小而致密的树种，搭配玲珑精致的建筑物。还可用绿篱做背景，通过色彩的对比和空间的围合来加强人们对景点的印象，产生烘托效果。

植物还可形成框景，以其大量浓密的叶片、有高度感的枝干屏蔽两旁的景物，为主要景物提供开阔的、无阻拦的视野，使观赏者的注意力集中到景物上。在这种方式中，植物如同众多的遮挡物围绕在景物周围，形成一个景框，如同将照片和风景油画装入画框一样。

1.3.3　统一和联系作用

园林景观中的植物，尤其是同一种植物，能够使得两个无关联的元素在视觉上联系起来，形成统一的效果。要想使独立的两个部分（如植物组团、建筑物或者构筑物等）产生视觉上的联系，只要在两者之间加入相同的植物元素，并且最好呈水平状态延展的感觉，比如球形植物或者匍匐生长的植物如铺地柏、地被植物等，就可以保证景观的视觉连续性，获得统一的效果。

1.3.4　强调及识别作用

利用具有特殊外形、色彩、质地等格外引人注目的植物，能将观赏者的注意力集中，起到强调和识别作用，能使空间或景物更加显而易见，更易被认识和辨明。在一些公共场合的出入口、道路交叉点、庭院大门、建筑入口及雕塑小品旁等利用植物栽植进行强调和标识，指示的位置合理配置植物，能够引起人们的注意（见图 1-3）。

图　1-3

1.3.5 利用植物表现时序景观

园林植物作为园林素材中唯一有生命的材料，随着季节的变化会表现出不同的季相特征。园林景观设计常用植物营造四季景观，利用植物不同季节呈现的不同形态、色彩、质地营造三季有花、四季有景的效果，春季表现植物花卉效果，夏季表现绿树成荫效果，秋季表现落叶、彩叶和果实效果，冬季表现枝条景观效果。这种盛衰荣枯的生命节律，为创造园林四时演变的时序景观提供了条件。根据植物的季相变化，把不同观赏特性的植物搭配种植，使得同一地点在不同时期产生特有景观，给人们不同感受，体现季节时令的变化之美。

1.3.6 利用植物营造意境之美

中国传统园林的意境营造是其区别于其他园林的特色所在，利用园林植物进行意境的创作是中国传统园林的典型造景风格和宝贵的文化遗产。

园林植物是中国园林意境营造的重要表现素材。利用各种植物材料赋予人格化内容，表达中国传统文化特有的诗、词、歌、赋之寓意，从欣赏植物的形态美升华到欣赏植物的意境美，寓情于景，情景交融。例如，万壑松风、芭蕉听雨都是经典的植物营造意境案例。

1.4 实用功能

1.4.1 组织交通和安全防护

在城市道路和停车场种植植物时，植物能有助于调节交通。例如，规则式种植植物是引导步行方向的极好方式。道路中央的分车带植物则能有效引导不同方向的车行交通，起到安全防护作用。高速公路隔离带的植物能减少汽车夜间的眩光、降低日光的反射。停车场种植植物也能降低热量的反射。交通路旁的行道树增添了道路景观，同时又为行人和车辆提供了遮阴的环境，还有助于减少交通事故产生的危害。

1.4.2 防灾避难

有些植物枝叶含有大量水分，一旦发生火灾，可阻止、隔离火势蔓延，减少火灾损失。如珊瑚树，即使其叶片全都烧焦，也不产生火焰。防火效果好的树种还有厚皮香、山茶、油茶、罗汉松、蚊母、八角金盘、夹竹桃、海桐、女贞、冬青、枸骨、大叶黄杨、银杏、栓皮栎、苦楝、槎树、青冈栎等。

1.4.3　保健功能

植物所构成的环境，关系到人体身心健康。在特定的空间可以选择具有防病、强身、保健功能的植物，再现第二自然，起到疗愈效果。利用花香治疗疾病古来有之，更成为现代医学的一种手段。"健康花园"，即医生根据患者的病情，将患者送进特定的花园去闻花的香味，帮助患者恢复健康。据德国专家研究报告：散发自树叶、树干的某些挥发性物质对于支气管哮喘、肺部吸尘所引起的炎症、肺结核等的治疗效果优于使用化学合成的人工喷雾式药剂。

而国际流行的"园艺疗法"是指人们在从事园艺活动时，在绿色的环境中得到的情绪平复和精神安慰，在清新和浓郁的芳香中增添乐趣，从而达到治病、保健的目的，在精神和身体方面具有双重功效。精神方面可消除不安心理与急躁情绪，增加活力，培养忍耐力与注意力，增强责任感和自信心，还可以提高社交能力、增强公共道德观念；身体方面，可刺激感官，强化运动机能。

—— 学 习 笔 记 ——

评 价 反 馈

评价反馈包括三部分，学生自评、学生互评和教师评价。学生自评主要包括能否完成本项目理论知识的掌握、能否根据引导子任务逐步完成布置的任务（见表1-1）。

表1-1　任务评价表

班级：　　　　　　　　　姓名：　　　　　　　　　学号：

工作任务：园林植物功能与作用调研与汇报

评价项目	评价标准	分值	得分
完成度	能基本完成园林植物功能与作用的调研任务	20	
精细度	调研的内容详细，包括园林植物各种功能	20	
调研分工难度	在团队中所承担的具体分工难度	20	
调研分析准确性	对园林植物功能与作用的分析准确到位	10	
调研汇报情况	调研成果的汇报清晰、自信	10	
工作态度	态度端正、工匠精神	10	
职业素质	严谨细致、符合标准	10	
合　　计		100	

综合评价	学生自评 （20%）	学生互评 （30%）	教师评价 （50%）	综合得分

项目 2　园林植物的生态习性

学习目标

1. 了解影响植物的生态因子及其影响方式。
2. 掌握环境生态因子对园林植物造景的具体影响方式。
3. 能依据场地生态环境进行园林植物造景的植物素材初步筛选。

任务布置

　　就近选择一处小型绿地，对场地的生态环境及植物品种进行调研，完成该场地的植物生境调查表，要求表达出场地温度、场地不同位置的光照条件、场地不同位置的水分情况、场地空气质量、场地的土壤条件等，列表说明在该场地各个不同的小环境下植物的生长状态如何。

任务实施

引导子任务 1：场地所在的地区是哪里？该地区属于何种气温带，全年温度条件如何？

_____

_____

引导子任务 2：调研场地的平面图上用不同的色块表达出不同位置的光照条件，并调研不同光照条件下的植物品种及生长状况。

_____

_____

引导子任务 3：调研场地的水分情况，若场地有水面予以标注，调研场地耐水湿和耐干旱植物。

_____

_____

引导子任务 4：分析场地周边有没有空气污染源，若有，观察一下污染对场地植物的影响并记录。

_____

_____

引导子任务 5：调研场地的土壤条件，包括 pH，并调查相应土壤条件下植物的生长情况。

_____

_____

引导子任务 6：整理场地生态环境的调研成果，并给出优化建议。

_____

_____

知识解读

在环境因子中对某植物有直接作用的因子称为生态因子。园林植物长期生长在某种环境里，受到该环境条件的特定影响，通过新陈代谢，在植物的生活过程中就形成了对某些生态因子的特定需要，这就是其生态习性。常见的环境主导因子包括温度、水分、光照、湿度、风、土壤等。在园林植物造景时，应该了解常用园林植物的生态习性以及适应不同环境的植物类型，在搭配时做到适地适树、适地适花。

2.1 温度

温度是植物极重要的生态因子之一。地球表面温度变化很大。空间上，北半球温度随海拔升高、纬度增加而降低，随海拔降低、纬度降低而升高。大部分地区的温度都有四季的变化和昼夜的区别，任何植物都生活在具有一定温度的外界环境中，并受温度变化的影响。植物的生理活动包括光合作用、呼吸作用、蒸腾作用和生化反应，这些生理活动都必须在一定的温度条件下才能进行。

每种植物的生长都有其特定的最低温度、最适温度和最高温度，即温度三基点。低温会使植物遭受寒害和冻害，高温则会影响植物的质量，如一些果实的果形变小、成熟不一、着色不艳。

由于我国幅员辽阔，各地温度和物候差异很大，所以植物景观变化很大。自古诗人留下不少诗句反映物候温度变化与植物景观的关系。唐朝宋之问《寒食还陆浑别业》诗中"洛阳城里花如雪，陆浑山中今始发"，白居易《游庐山大林寺》诗中"人间四月芳菲尽，山寺桃花始盛开"等都是经典的写照。

植物景观因季节不同而异，季节以温度作为划分标准。我国同一时期南北地区温度不同，因此植物景观差异很大。春季南北温差很大，当北方温度较低时，南方已春暖花开。夏季南北温差小，秋季北方气温先凉，当南方还烈日炎炎，北方已秋高气爽了。在园林实践中，常通过调节温度来控制花期，满足造景需要。但仍提倡应用乡土树种，控制南树北移，北树南移，最好经栽培试验后再应用。若盲目脱离原生环境大量应用，可能出现冻害、花量减少，甚至不开花等现象，大大影响景观效果。通常北种南移比南种北移更易成功，草本植物比木本植物更易引种成功，一年生植物比多年生植物更易引种成功，落叶植物比常绿植物更易引种成功（见图 2-1）。

图　2-1

2.2 水分

水是植物的重要组成部分，也是植物生存的物质条件，是影响植物形态结构、生长发育的重要生态因子。植物对营养的吸收和运输，以及光合、呼吸、蒸腾等作用都必须在水的参与下才能进行。

不同的植物种类，由于长期生活在不同的水分条件环境中，形成了对水分需求关系不同的生态习性和适应性。根据水分与植物的关系，可以将植物分为水生、湿生、中生、旱生等生态类型，他们在抗涝与抗旱方面表现差别较大。

园林植物造景与水的关系还表现在植物修饰不同形式的园林水体上。园林的水体形式分为河、湖、溪、潭、池等，不同水面的水深和面积、形状不一，植物对水面的美化造景方式各有不同。

（1）水生植物景观。水生植物根据结构特征、生态习性等可划分为挺水植物、浮水植物和沉水植物等类型。水生植物枝叶形状也多种多样，常见的水生植物有雨久花、千屈菜、再力花、梭鱼草、花叶芦竹、花菖蒲、蒲苇、芦苇、荷花、睡莲、浮萍、芡实、凤眼莲、慈菇、水葱、水芹等。

（2）湿生植物景观。在自然界中，这类植物的根常没于浅水中或湿透了的土壤中，常见于水体的港湾或热带潮湿、荫蔽的森林里。湿生植物在潮湿环境中生长，不能长时间忍受缺水，是一类抗旱能力最弱的陆生植物。在植物造景中可用的有落羽松、池杉、水松等。

（3）中生植物景观。中生植物是无法忍受过干或者过湿环境的植物，大部分植物都是中生植物，适用于大部分陆地环境。

（4）旱生植物景观。旱生植物在干旱环境中生长，能忍受较长时间干旱，主要分布在干热草原和荒漠地区，又可分为少浆液植物和多浆液植物两类（见图2-2）。在荒漠、沙漠等干旱热带地区生长着很多抗旱植物，如光棍树、木麻黄、龙血树、仙人掌、瓶子树等。我国的樟子松、小青杨、小叶杨、小叶锦鸡儿、柳叶绣线菊、雪松、白柳、旱柳、构树、黄檀、榆、朴、胡颓子、山里红、皂荚、柏木、侧柏、桧柏、臭椿、杜梨、槐、黄连木、君迁子、白栎、栓皮栎、石栎、合欢、紫藤、紫穗槐等都很抗旱，是旱生景观造景的良好树种。

图 2-2

2.3 光照

2.3.1 不同光照要求的植物生态类型

光合作用是植物与光的本质联系，光对植物的作用主要表现在光照强度、光照时间和光谱成分三方面。根据园林植物对光照强度的要求，植物可以分为阳性、阴性和居于这两者之间的耐阴植物三种类型。

在自然界的植物群落中，可以看到上层、中层和下层的垂直分层现象，各层植物所处的光照条件不同，这是长期适应的结果，从而形成了植物对光的不同的生态习性。

阳性植物的需光度为全日照70%以上的光强，在自然植物群落中常为上层植物，以获得更多的阳光，如木棉、桉树、木麻黄、椰子、杧果、杨、柳、桦、槐、油松及许多一二年生植物。

耐阴植物，一般需光度在阳性植物和阴性植物之间，在全日照下生长良好，也能忍受适当的庇荫，它们在自然植物组团中常作为中层，大多数植物属于此类，园林中常用的耐阴植物有罗汉松、竹柏、山楂、椴、君迁子、桔梗、白芨、棣棠、珍珠梅、蝴蝶花等。

阴性植物则是在较弱的光照条件下生长较好的植物类型。一般需光度为全日照的5%～20%，不能忍受过强的光照，尤其是一些树种的幼苗，需在一定的庇荫条件下才能生长良好。在自然植物群落中常处于中层或下层，或生长在潮湿背阴处。在群落结构中常为相对稳定的主体，如红豆杉、香榧、铁杉、咖啡、萝芙木、珠兰、地锦、三七、草果、中华常春藤、人参、黄连、细辛、宽叶麦冬、吉祥草、蕨类等（见图2-3）。在植物造景时，应该依据植物需光类型的自然规律进行植物选择和搭配。

图　2-3

2.3.2　光照时间对植物的影响

植物开花要求一定的日照长度，这种特性与其原产地日照状况密切相关，每天的光照时数与黑暗时数的交替对植物开花的影响称为光周期现象，按照此现象将植物分为短日照植物、长日照植物、中日照植物三类。

通常延长光照时数会促进或延长植物生长，而缩短光照时数则会减缓植物生长或使植物进入休眠期。将植物由南方向北方引种，为了使其做好越冬的准备，可以缩短日照时数，使其提早进入休眠期，从而增强其抗逆性。植物开花也受到光照时数的影响，所以在现代切花生产、节日摆花等方面往往利用人工光源或遮光设备来控制光照时数，从而控制植物的花期，满足生产、造景的需要。

2.3.3　光污染对植物的危害

"光污染"对植物的健康有着很大的危害，会破坏植物的生物节律，特别是夜间长时间、高辐射能量作用于植物，会使植物的叶或茎变色甚至枯死，长时间大剂量的夜间灯光照射，还会导致植物花芽过早形成，影响植物休眠和冬芽的形成。

在城市规划阶段就要通过合理的规划为绿化植物创造一个较为健康的光照环境。另外，对于城市繁华商业地段或者城市主要交通道路等高亮度照明的区域，应栽植对光不敏感、对光污染抗性比较强的植物。

2.4　湿度

空气湿度会影响植物的生长状态，植物的健康生长需要适宜的湿度条件。若空气湿度过于饱和，植物的生长会受到抑制。若空气中湿度适当降低，则植物蒸腾旺盛，吸水较多，植物对养分的吸收也较多，生长加快。因此在一定程度上，空气湿度小对植物是有利的，但不能过低，过低的空气湿度可能导致干旱，特别是高温低湿，危害更加严重。

2.5　风

强风对植物的生长会产生不利影响，可抑制植物的生长体量，风力越大树木越矮小，基部越粗，尖削度也越大。强风还会影响植物根系的分布，在背风方向植物的根系尤为发达，可以起到支撑作用，增加植物的抗风力。

通常，材质坚韧、树冠密实、根系发达、深根性的树木抗风能力较强；与此相反，材质柔软或硬脆、树冠大、根系不发达、浅根性的树木抗风力就弱。园林植物中抗风能力较强的有马尾松、黑松、圆柏、白榆、乌桕、樱桃、枣树、葡萄、臭椿、朴、槐、梅、樟树、河柳、台湾相思、大麻黄、假槟榔、桃榔、南洋杉、竹、柑橘等。

2.6　土壤

土壤酸碱度是土壤最重要的化学性质，对土壤养分有效性有重要影响，在 pH 为 6~7 的微酸条件下，土壤养分有效性最高，最有利于植物生长。植物的水分、养分大部分源自土壤，因此土壤是影响植物生长、分布的又一重要因子。

　　土壤酸碱度通过影响微生物的活动而影响养分的有效性和植物的生长。根据所生存环境的土壤酸碱度，可以将园林植物划分为酸性土壤植物、碱性土壤植物和中性土壤植物。常见的酸性土壤植物有白兰、含笑、珠兰、茉莉、枸骨、八仙花等，常见的碱性土壤植物有紫穗槐、沙枣、沙棘、侧柏、非洲菊等，在园林植物造景中应该根据土壤的酸碱度进行植物的配置和选择。

学 习 笔 记

评价反馈

评价反馈包括三部分，学生自评、学生互评和教师评价。学生自评主要包括能否完成本项目理论知识的掌握、能否根据引导子任务逐步完成布置的任务（见表 2-1）。

表 2-1　任务评价表

班级：　　　　　　　　　　姓名：　　　　　　　　　　学号：

工作任务：园林植物生态环境调研与汇报

评价项目	评价标准	分值	得分
完成度	能基本完成园林植物生态环境的调研任务	20	
精细度	调研的内容详细，包括园林植物各个生态因子	20	
调研分工难度	在团队中所承担的具体分工难度	20	
调研分析准确性	对于园林植物生态环境的分析准确到位	10	
调研汇报情况	调研成果的汇报清晰、自信	10	
工作态度	态度端正、工匠精神	10	
职业素质	严谨细致、符合标准	10	
合　　计		100	

综合评价	学生自评 （20%）	学生互评 （30%）	教师评价 （50%）	综合得分

项目 **3** 园林植物的观赏特征

学习目标

1. 了解植物造景中各个艺术原理与艺术原则。
2. 掌握植物体量、形态、色彩、质感、芳香等观赏特征。
3. 能根据植物的观赏特征进行植物的初步选择与搭配。

任务布置

自选某长宽约为 30m×10m 的背景林前空地进行植物组团立面设计与品种选择，要求如下。

1. 根据植物的体量、形态、质感特征进行外形层次丰富的搭配，形成高低错落的林冠线景观。

2. 根据植物的色彩特征进行组团色彩搭配，配置出三季有花、四季有景的多彩季相景观。

3. 根据植物的芳香特征进一步筛选植物品种，体现设计意境。

4. 绘制出一个彩色立面图，并用引线标注出各植物品种名称。

任务实施

引导子任务 1：查找场地当地常用的园林植物和乡土植物品种并列表。

_____

_____

引导子任务 2：按比例绘制场地平面图，并确定该场地尺度下植物大致数量。

_____

_____

引导子任务 3：根据不同的植物体量、形态、质感初步选择植物品种并绘制立面图线稿。

_____

_____

引导子任务 4：根据色彩搭配原理和植物季相色彩变化进行色彩深化设计并绘制立面彩图。

_____

_____

引导子任务 5：根据植物的芳香、声音特征进行植物品种微调，体现意境之美。

_____

_____

引导子任务 6：完善植物立面图的绘制，并进行品种引线文字的标注。

_____

_____

知识解读

园林植物的体量、形态、色彩和质感等是重要的视觉观赏特性，植物的这些观赏特性犹如音乐中的音符以及绘画中的色彩、线条，是情感表现的语言。植物正是通过这些特殊的语言表现出一幅幅美丽动人的景观画面，激发起人们的审美热情。

除此之外，园林植物景观美感要素还包括其他要素如芳香、季相变化、意境（文化）、声景及生态美等方面。

植物景观中艺术性的创造极为细腻而复杂，应当巧妙地充分利用植物的形体、线条、色彩、质地进行设计，并通过植物的季相及生命周期的变化，使之成为一幅有生命的美的构图。

3.1 体量

植物的体量包括植物的大小、高矮等，是植物造景中最重要、最引人注目的特征之一。植物的体量决定了种植设计的整体骨架，其大小和高度在视觉上的变化尤为明显，能使整个布局显示出统一性和多样性，使整体植物的林冠线高低错落有致。因此，在既定的空间中，植物的体量应成为种植设计中首先考虑的观赏特性。一般来说，园林植物中乔木的体量较大，成年树高度一般在 6m 以上，最高的超过 100m（见图 3-1）。灌木和草本植物体量一般较小，其高度从数厘米至数米不等。在实际应用中应根据需要选择适当体量的植物种类，所选择植物的体量应与周边环境及其他植物协调（见图 3-2）。

图 3-1

图 3-2

按照生长习性一般将植物分为乔木、灌木、花卉、藤本、草坪几类，通常乔木的体量最大，其实是灌木，而花卉、藤本、草坪的体量最小。如果按照成龄植物的高矮再加以细分，可以分为大乔木、中乔木、小乔木、高灌木、中灌木、矮灌木、地被等类型（见图 3-3）。

图 3-3

植物的大小与植物的年龄及生长速度有关，因此在栽植初期和成熟期可能会有差异，设计师一方面要了解成龄植物的一般高度，另一方面还要注意植物的生长速度。植物的大小还会直接影响植物景观，尤其是植物群体景观的观赏效果。大小一致的植物组合在一起，尽管外观统一规整，但很多时候平齐的林冠线会让人感到单调、乏味；相反地，如果将不同大小、高度的植物合理组合，就会形成一条富于变化的林冠线。在植物选择与配置过程中，植物的大小应营造高低起伏，形态变化丰富的林冠线景观。

植物造景中经常通过植物体量的对比突出重点。例如，蜿蜒曲折的园路两侧，一侧种植一株高大的雪松，另一侧种植数量多但单株体量较小的成丛花灌木，既均衡又主次分明。需要注意的是，植物的体量会随着植物的生长发生变化，设计之初除了需要了解植物的生态习性外，还必须了解植物的生物学特性，尤其是生长速度与美学构图，必须正确处理好慢生树、中生树与速生树的关系。

3.2　形态

园林植物的形态是重要的观赏要素之一，不同的植物形态可引起观赏者不同的视觉感受，因而具有不同的景观效果。植物形态包括植株整体外貌（即树形），也包括叶、花、果等细部形态。园林植物的种类丰富，形态各异，不同的植物种类有着属于自己的独特姿态。植物的形态特征主要由树种的遗传性而决定，但也受外界环境因子的影响，也可通过修剪等手法来改变其外形。植物的外形指的是单株植物的外部轮廓。自然生长状态下，植物外形的常见类型有尖塔形、圆柱形、圆锥形、球形、半球形、伞形、卵圆形、倒卵形、广卵形等，特殊的有垂枝形、拱枝形、棕榈形等。

不同的外形特征给人的视觉感受是不同的，比如圆柱形、圆锥形、尖塔形等植物整体形态向上延伸，能够通过引导视线向上，给人以高耸挺拔的感觉，而与此相反，垂枝形的植物因其下垂的枝条而将人们的视线引向地面，最常见的种植方式就是将其种植在水边，以配合波光粼粼的水面，由于扁球形的植物具有水平延展的外形，会使景物在水平方向形成视觉上的联系，整个景观表现为扩展性和外延感，在构图上也与挺拔高大的乔木形成对比。近似圆球形的植物，由于圆滑的无方向性，使得它们很容易与其他景物协调。还有一些植物因其外形奇特，可以创造特别的景观效果，如酒瓶椰子、旅人蕉等（见图3-4）。

需要注意的是，植物的外形也并非一成不变的，它会随着年龄的增长而改变，相同植物不同阶段的树形可能是不同的，在植物配置时应该注意这种变化规律。

图 3-4

乔木常见的树形有圆柱形、圆锥形、尖塔形、圆球形和卵圆形等。圆柱形树种包括桧柏、毛白杨、杜松、塔柏、新疆杨、钻天杨等；圆锥形树种包括圆柏、侧柏、北美香柏、柳杉、竹柏、云杉、马尾松、华山松、罗汉柏、广玉兰、厚皮香、金钱松、水杉、落羽杉、鹅掌楸等；尖塔形树种包括雪松、冷杉、日本金松、南洋杉等；圆球形和卵圆形树种包括毛白杨、丁香、五角枫、樟树、桂花、元宝枫、重阳木、梧桐、黄栌、黄连木、无患子、乌桕、枫香等。还有一些特殊树形的乔木应用也很常见，如棕榈形的棕榈、大王椰子、苏铁，垂枝形的龙爪槐，风致形的迎客松等。这些植物树形奇特，姿态百千，因此常将其作为孤植树放在突出的位置上，构成独特的景观效果。

灌木的树形主要有团簇形、长卵形、匍匐形、拱垂形等。团簇形树形植物品种包括千头柏、玫瑰、榆叶梅、绣球、棣棠等，此类植物丛生，树冠团簇状，多有朴素、浑实之感，造景中适用于树群外缘，或装点草坪、路缘和屋基。长卵形包括西府海棠、木槿等，该类树形整体上有明显的垂直轴线，具有挺拔向上的生长势，能突出空间垂直感。匍匐形包括铺地柏、匍地龙柏、平枝栒子、匍匐栒子、地锦等，此类植株适于用作木本地被或植于坡地、岩石园。拱垂形包括连翘、黄刺玫、云南黄馨、迎春、探春、笑靥花、胡枝子等，此类植株枝条细长而拱垂，下垂的枝条引力向下，整体株型自然优美，多有潇洒之姿，能将人们的视线引向地面。在植物配置时一般将其植于有地势高差的坡地、水岸边、花台、挡土墙及自然山石旁等处，或者在草坪上构成视线焦点。

园林植物的花、果、叶、枝干等细部形态也是植物造景中要考虑的构景要素。园林植物叶的形状、大小，以及在枝干上的着生方式各不相同。花的形态美表现在花朵或花序本身的形状，有些植物的花形特别，更具观赏性。许多园林植物果实具有观赏性，其观赏特性主要表现在形态和色彩两个方面,果实形态一般以奇、巨、丰为美。树木主干、枝条的形态千差万别、各具特色,或直立,或弯曲,或刚劲,或细柔。如酒瓶椰子树干状如酒瓶、佛肚树的树干状如佛肚;而龟甲竹竿下部或中部以下节间极度缩短,呈龟甲状。

3.3 色彩

色彩与园林意境的创造、空间构图以及空间艺术表现力等有着密切的关系,是构图的重要因素。在古典园林中用色彩来表现景观者比比皆是,而现代城市园林中以色彩为主体的景点也很多。

植物的色彩通过它的各个部分呈现出来,如叶、花、果、枝干、芽等。由于园林植物具有非常丰富的色彩,而且在不同的季节里,色彩呈现出不同的特征。因此园林植物色彩的配置应关注季相的变化。色彩四季理论主张用最佳色彩来显示人与自然界的和谐之美,在园林色彩中色彩四季理论的应用很常见。比如在炎热的夏季,要多运用冷色调植物,给人以舒适、安定感;在春、秋、冬季,则尽量用暖色调植物,给人以温暖、热烈的感受。

在春季植物色彩的应用中,植物叶色主要为绿色,通常以绿色为主调,背景树以乔木和灌木为主,常绿树种和落叶树种相结合。虽然春季的叶色大部分为绿色,但其纯度和明暗度不同,可采用单色协调的手法配置,如草坪、针叶树、阔叶树混在一起,虽无花朵,但仍显得清新宜人。在春季花的植物景观设计中,可配以白色、淡黄、黄绿、粉色等辅助色彩,应用喷雪花、碧桃、迎春、玉兰、绣线菊类、黄刺梅、蜡梅、锦带花、牡丹、海棠等植物,点缀缤纷的春季,如图3-5所示。

图 3-5

在夏季植物叶色的配置上，最好使用一系列有色相变化的绿色植物，设计夏季景观时，应充分利用叶片色彩的不同，如嫩绿、浅绿、黄绿、灰绿、深绿、墨绿等，使景观构图上有层次丰富的视觉效果。在夏季植物造景中，花卉色彩的应用多以冷色表现清凉、常用的夏季开花植物有合欢、紫薇、木槿、荷花、栾树、珍珠梅等。

秋季的植物造景可以充分考虑植物的累累硕果和亮丽的秋叶效果，不仅增添了色彩美，还增添了丰收的喜悦。而秋季造景设计中，色叶景观尤为重要，是园林中最重要的季相性景观。秋色叶景观的设计以红、橙、黄等暖色为主，营造出热烈、温暖的情调。如栾树、樟树、三角枫等，随着季节的变化，叶色由浅而深，有时在发叶和换叶时呈现红色，如图3-6所示。

图 3-6

叶片黄色或黄褐色的有银杏、洋白蜡、无患子、鹅掌楸、栾树、麻栎、栓皮栎、五角枫、水杉、金钱松、白桦等（见图3-7）；叶片红色或紫红色的有乌桕、元宝枫、枫香、黄栌、漆树、黄连木、火炬树、柿、鸡爪槭、山楂、石楠、地锦、五叶地锦等。秋季观果类植物有花楸属、柿属、苹果属、山楂、山茱萸、南天竹、冬青、石楠、紫珠等，其红色、黄色、紫色等各色果实能更好地体现秋色的魅力（见图3-8）。

植物的枝干也可以成为观赏的焦点，如干皮为红色或红褐色的红瑞木、金枝椶木、杉木、马尾松、山桃等，干皮为白色或灰白色的白桦、垂柳桦、银白杨、毛白杨、新疆杨等（见图3-9），干皮为绿色的竹、梧桐等，干皮为斑驳的黄金嵌碧玉竹、碧玉嵌黄金竹、斑竹、悬铃木、木瓜等，还有其他观干类、观花类、观果类的园林植物，如枝干遒劲的刺槐，凛寒而开的梅花，以及初冬的金银木果、火棘果等，尤其在冬季，能发挥较好的观赏作用。

图 3-7

图 3-8

　　冬季颜色相对单调，景观主要由常绿植物组成。增添青翠高耸的绿色树木会起到舒缓沉闷感的作用。在植物群落配植时需要应用不同体量姿态的常绿植物进行合理搭配，以保证冬季的景观效果。在设计景观时利用彩叶、针叶进行调节，可改善这一状况。如五角枫，入冬以后叶子变成红色，显得热情奔放，十分美丽。常用的园林常绿树为圆柏、女贞、龙柏、红豆杉、雪松、白皮松等。

图　3-9

3.4　质感

　　所谓植物的质感，是指单株或群体植物表现出的质地感觉。不同的树种、不同的结构都会带给人不同的感受。色彩素淡明亮、枝叶稀疏的树冠易产生轻柔的质感，而色彩浓重灰暗、枝叶茂密的树冠则易产生厚重的质感。植物的质感并不是一成不变的，尤其是落叶植物，它们的质感会随着季相的变化而发生明显的变化。植物的质感会影响整体的景观设计，影响设计的协调性、多样性、视觉感、整体色调、情趣和气氛。

　　植物的质感除了受植物叶片的大小、枝条的长短、枝叶的密集程度等的影响，还受树皮质地的影响。通常将植物的树冠质地分为三种：粗壮型、中粗型及细质型。不同质感植物的视觉效果不同，将它们进行合理搭配可以形成丰富的景观层次。一般质感粗糙的植物具有较强的视觉冲击性，往往更容易成为景观中的视觉焦点，因此，在一些重要的景观节点可以选用质感粗糙的植物，而让质感细腻的植物作为背景和填充，将中等质感的植物作为两者之间的过渡。植物质感的选择还需要考虑园林空间的尺度，如果空间狭小，应尽量避免使用质感粗糙的植物，而应选用质感细腻的植物。在一个设计中应当均衡地使用这三类不同质感的植物，同一类质感的植物种类太多会显得布局过于单调，但若不同质感的植物种类过多，布局又显得杂乱。

常见的粗糙植物品种有新疆杨、响叶杨、龟背竹、印度橡皮树、荷花、五叶地锦等，常见的中等植物品种有樟树、小叶榕、金光菊、丁香、景天属、大戟属、芍药属、月见草属、羽扇豆属等。常见的细腻植物有粤距花、石竹、唐松草、金鸡菊、小叶女贞、丝石竹、合欢、含羞草、小叶黄杨、锦熟黄杨、瓜子黄杨、大部分绣线菊属、柳属、大多数针叶树种等。

3.5 芳香

人们对于植物景观的要求不仅满足于视觉上的美丽，而是追求视、听、嗅等全方位美感。许多园林植物具有香味，由此产生的嗅觉感知更具独特的审美效应。有些植物则能分泌出一些芳香物质如柠檬油、肉桂油等，具有杀菌驱蚊之功效。因此，熟悉和了解园林植物的芳香种类，配植成芬芳满园、处处馥郁的香花园是植物造景的一个重要手段。

在我国古典园林设计中，芳香植物的应用非常广泛，如拙政园的"远香堂"，就将植物的香味作为景观设计的亮点进行表现。远香堂南临荷池，每当夏日，荷风扑面，清香满堂，可以体会到周敦颐《爱莲说》中"香远益清"的意境；再如网师园中的"小山丛桂轩"，桂花开时，异香袭人，意境高雅。

一般常用的芳香味植物有木香、迷迭香、深山含笑、七里香、百里香、芍药、香雪球、五色梅、茉莉、丁香、栀子、白玉兰、罗勒、月季、荷花、薄荷、紫罗兰等。

3.6 声音

听觉体验是感受园林空间的另一种重要途径，选择合适的植物品种可以营造良好的听觉效果。园林植物的听觉效果主要有两种呈现方式，一种是植物叶片与大自然的风、雨、雪共同作用发出声音。例如，承德避暑山庄中的"万壑松风"景点，就是借助风掠过松林发出的瑟瑟涛声而达到感染人的效果。苏州拙政园的"听雨轩""留听阁"则分别表现出芭蕉、残荷在风吹雨打下产生的特别的听觉体验。唐代诗人白居易的"隔窗知夜雨，芭蕉先有声"体现的就是雨打芭蕉时淅淅沥沥的古典意境。

另一种听觉效果则是自然界的动物尤其是昆虫在植物周围活动所产生的声音。正所谓"蝉噪林逾静，鸟鸣山更幽"。植物是许多小动物栖居的主要场所，要想利用动物创造出特色的听觉效果，就不能单纯地研究植物的生态习性，还应充分了解植物与动物之间的联系，合理配置植物组团，为小动物们营造一个适宜的生存空间。比如在进行植物配置时可以选择易于招蜂引蝶的蜜源植物和易于吸引鸟类的引鸟植物。常用的蜜源植物有紫薇、金银花、醉鱼草、枣树、椴树等。常用的引鸟植物有冬青、樟树、朴树、桑树、樱桃、女贞、杨梅、火棘、卫矛、厚皮香等。

学 习 笔 记

评 价 反 馈

评价反馈包括三部分，学生自评、学生互评和教师评价。学生自评主要包括能否完成本项目理论知识的掌握、能否根据引导子任务逐步完成布置的任务（见表3-1）。

表 3-1 任务评价表

班级：　　　　　　　　　　　姓名：　　　　　　　　　　　学号：

工作任务：应用艺术美学原理实践园林植物立面设计

评价项目	评 价 标 准	分值	得分
完成度	能基本完成本次设计任务	20	
精细度	设计成果考虑植物体量、姿态、色彩、质地等细节	20	
设计美感	设计成果艺术审美高度	20	
表达呈现	设计成果的表达效果	10	
工作态度	态度端正、工匠精神	10	
职业素质	严谨细致、符合标准	10	
沟通合作	沟通合作顺畅	10	
合　　　计		100	

综合评价	学生自评 （20%）	学生互评 （30%）	教师评价 （50%）	综合得分

项目 4 园林树木的植物造景

学习目标

1. 理解树木孤植、对植、列植、丛植、群植、林植、篱植设计的含义。

2. 能进行树木的孤植、对植、丛植、列植、群植、林植、篱植设计。

3. 能绘制树木设计总平面图、立面图、效果图。

任务布置

自行选择某绿地，基于其景观设计平面图和植物种植规划图，应用树木造景设计的多种形式，包括孤植、对植、列植、丛植、群植、林植、篱植，完成该绿地的树木种植设计，绘制该场地树木种植设计平面图、立面图、效果图，表达方式可选手绘表达或软件绘图。

任务实施

引导子任务 1：树木种植设计具体有哪些形式？设计时如何选择不同的形式？

_____

_____

_____

引导子任务 2：欣赏经典案例，学习案例中的树木种植设计形式，完成分析报告。

_____

_____

_____

引导子任务 3：基于自选场地，理解场地景观设计平面图、植物种植规划图。

_____

_____

_____

引导子任务 4：绘制树木种植设计总平面图，注意位置、平面布局、配置形式。

_____

_____

_____

引导子任务 5：绘制树木种植设计主要节点的立面图，并用立面表现季相效果。

_____

_____

_____

引导子任务 6：绘制树木种植设计主要节点的效果图，表现树木组团搭配效果。

_____

_____

_____

引导子任务 7：挑选树木品种，完成苗木清单中的树木部分。

_____

_____

_____

知识解读

4.1　孤植

孤植是指单独种植一株树木或紧密栽植几株同种树木从而表现出单株效果的种植形式。孤植树又称独赏树、标本树、赏形树或独植树。孤植主要体现树木的个体特色，在设计中多形成主景、视觉焦点，也可起引导视线的作用，还能烘托园林建筑、山石和水景，有强烈的标志性、导向性和装饰作用。

孤植树种植的地点一般都比较开阔，四周较为空旷，便于树木向四周伸展。孤植树常用于庭院、草坪、假山、水面附近、桥头、广场中心、园路尽头或转角处等。

开阔的大草坪是孤植树的最佳地点，但孤植树一般不宜种植在几何中心，而应偏于一端接近黄金分割点处，满足风景构图的需要。具有一定高度的地形如山顶、山坡也适宜种植孤植树，既有良好的观赏效果，又能起到改造地形、丰富天际线的作用。

孤植树种的选择方面，我国地域广阔，不同地区孤植树的选择也不同。华北地区可供选择的孤植树有油松、白皮松、桧柏、白桦、银杏、樱花、柿、西府海棠、朴树、皂荚、美国白蜡、槐、花曲柳、白榆等。华中地区可供选择的孤植树有雪松、金钱松、马尾松、柏木、枫杨、七叶树、鹅掌楸、银杏、悬铃木、喜树、枫香、广玉兰、樟树、合欢、乌桕等。华南地区可供选择的孤植树有大叶榕、小叶榕、凤凰木、木棉、广玉兰、白兰、观光木、印度橡皮树、菩提树、南洋楹、大花紫薇、橄榄树、荔枝、铁冬青、柠檬等。东北地区可供选择的孤植树有云杉、冷杉、杜松、水曲柳、落叶松、油松、华山松、水杉、白皮松、白蜡、五角枫、元宝枫、银杏、栾树、刺槐等。

4.2　对植

对植是指按照一定的轴线关系，对称或均衡地种植两株树木或具有整体效果的两组树木的种植形式。

对植常作配景、夹景以烘托主景，加强透视，增加景观的层次感，给人以一种庄严、整齐、对称和平衡的感觉。对植的动势向轴线集中，如图 4-1 所示。

对植的树种多选用树形整齐优美、生长缓慢的树种，以常绿树居多，但很多姿态优美、色彩丰富的树种也适用于对植。对植的布局形式主要分为对称栽植和非对称栽植两种。

图 4-1

（1）对称栽植。这种对植形式要求在轴线两侧相对应地栽植同种、同规格、同姿态树木，多用于宫殿、寺庙和纪念性建筑前，体现肃穆的气氛。在平面上要求严格对称，立面上高矮、大小、形状一致。

（2）非对称栽植。这种对植形式只要求两侧植物体量均衡，并不要求树种、树形完全一致，这种对植形式既给人以严整的感觉，又有活泼的效果。

4.3 列植

列植是指树木按照一定的间距成行或成列栽植的种植形式，有单列、双列、多列等类型。

列植主要用于各类道路、广场、大型建筑周围、防护林带、水边等场所，其中应用最多的是道路两旁。列植是规则式园林绿地中应用广泛的基本栽植形式。在园林中可发挥联系、隔离、屏障等作用，可形成夹景或障景。

列植有多种形式，按间距分，列植可分为等距树列和不等距树列，前者相对更规则。按树种分，列植可分为单纯树列和混合树列，单纯树列即选用一种树木进行排列种植，具有强烈的统一感、方向性。混合树列则选用两种或两种以上树木相间排列种植，较单纯树列更有变化感、韵律感。

列植适宜选用树冠形体比较整齐一致、枝叶繁茂的树种，注意所选树木在立面上的冠径、胸径、高矮要大体一致。尤其是道路边的列植树种要求有较强的抗污染能力，在种植上要保证行车、行人的安全，还要考虑植物的生态习性、遮阴功能和景观功能。

列植常用的大乔木有油松、圆柏、银杏、国槐、白蜡、元宝枫、毛白杨、悬铃木、樟树、臭椿、合欢、榕树等。列植常用的小乔木和灌木有丁香、红瑞木、黄杨、月季、木槿、石楠等。

4.4　丛植

丛植是指由两株至十几株同种或不同种的树木按照一定规律组合种植的形式。其林冠线彼此密接而形成一个整体的外轮廓线。

丛植可作为主景、配景和背景，多用于自然式园林中，可用于桥、亭、台、榭的点缀和陪衬，也可专设于路旁、水边、庭院、草坪或广场，以丰富景观色彩和景观层次，活跃园林气氛。丛植作为主景时，四周要空旷，栽植位置尽量偏高，适宜配置在空旷草坪、水域的视觉中心，具有较好的观赏效果。丛植作为配景时，常常布置在园林建筑、园林小品周围，形成不同的分割空间。丛植作为背景时，前面适宜配置大片观花树木或园林花境，均有很好的观赏效果。

丛植的平面布局基于不同的植物数量有所不同，但都遵循一定的规律：相邻植物之间不能种植在一条直线上，也不能三株成一直线，要紧密相接，同时错落有致，以达到自然的效果。五株以上的树丛则由二株、三株、四株、五株几个基本配合形式相互组合而成。

丛植植物的树种讲究相邻树木的大小、姿态应有差异和对比，但也不宜差距太大，应符合多样统一的法则。丛植的植物品种可以相同也可以不同，树种完全相同时，应在体形、姿态、大小、距离、高矮上力求不同，栽植点标高也可以变化。树种不同时，应在树木的外观形态上有所共性，保持协调统一，如图 4-2 所示。

图　4-2

4.5　群植

　　群植是指二三十株至上百株树木成群配置的种植形式，主要表现植物群体之美。群植的布置适宜在有足够距离的开阔场地上，如靠近林缘的大草坪、宽广的林中空地、水中的小岛屿等。群植主要立面前应留出约树群高度4倍、宽度1.5倍距离的空地，以便游人欣赏。一般选择树形高大、外形美观的乔木作为整个树群的景观核心，选择枝叶密集的树木作为陪衬，选择枝条平展的树木作为过渡，使得群植景观富有层次和季相变化。

4.6　林植

　　林植是指大面积、大规模的成带成林状的配置方式，形成林地和森林景观，这是将森林学、造林学的相关技术措施按照园林的要求引入自然风景区、大面积公园、风景游览区或休闲疗养区及防护林带建设中的配置方式。

　　林植按郁闭度分，可分为疏林和密林；按树种组成分，可分为单纯树林和混交树林。

4.7　篱植

　　篱植是指用同一种树木（多为灌木），作近距离密集栽植成篱状的种植形式。篱植常用来界定范围、防范隔离、组织空间、装饰镶边，以及作为喷泉雕塑小品的背景和遮挡。

　　篱植的布局较为规则，在平面上多呈长方形，根据不同的植物高度起到不同的园林功能。高度0.5m以下的矮篱常作为象征性的空间界限和绿化装饰，高度在0.5～1.2m的中篱常用来作为边界划分和围合，高度在1.2～1.6m的高篱常用来作为界限和建筑的基础种植，高度1.6m以上的绿墙则用来遮挡视线，分割空间和作为背景，如图4-3所示。

　　常用作矮绿篱的植物品种有小叶黄杨、矮栀子、六月雪、月季、夏鹃、龟甲冬青、雀舌黄杨、金山绣线菊、金焰绣线菊、金叶女贞等。可用作中绿篱的植物品种有栀子、金叶女贞、小蜡、海桐、火棘、构骨、红叶石楠、洒金桃叶珊瑚、变叶木、绣线菊、胡颓子、茶梅等。可用作高绿篱的植物品种有法国冬青、大叶女贞、桧柏、榆树、锦鸡儿等。可用作绿墙的植物品种有龙柏、法国冬青、女贞、山茶、石楠、侧柏、桧柏、榆树等。

图 4-3

学 习 笔 记

评 价 反 馈

评价反馈包括三部分，学生自评、学生互评和教师评价。学生自评主要包括能否完成本项目理论知识的掌握、能否根据引导子任务逐步完成布置的任务（见表 4-1）。

表 4-1 任务评价表

班级：　　　　　　　　　姓名：　　　　　　　　　　　学号：

工作任务：实践树木的造景设计

评价项目	评 价 标 准	分值	得分
完成度	能基本完成本次设计任务	20	
精细度	孤植、对植、列植、丛植、篱植合理准确	20	
设计美感	设计成果艺术审美高度	20	
表达呈现	设计成果的表达效果	10	
工作态度	态度端正、工匠精神	10	
职业素质	严谨细致、符合标准	10	
沟通合作	沟通合作顺畅	10	
合　　计		100	

综合评价	学生自评 （20%）	学生互评 （30%）	教师评价 （50%）	综合得分

项目 **5** 园林花卉的植物造景

学习目标

    1.了解花卉造景的不同形式。

    2.掌握花坛、花境的概念与分类，并能区分花坛、花境的不同之处。

    3.能进行花卉植物造景之花坛的设计。

    4.能进行花卉植物造景之花境的设计。

任务布置

    在校园中找一处长条形的地块，背靠建筑、墙体或树林，设计一个节约型的长效花境，设计要求遵循生态原则、因地制宜，并遵循美观原则，综合考虑四季季相景观。分小组进行花境设计作品的施工落地。施工过程中要求进行土壤改良、科学放线，注意种植密度，在施工完成后对花境进行基础养护。

任务实施

引导子任务 1：花卉造景的不同形式有哪些？

_____

_____

引导子任务 2：看图区分花坛与花境。

_____

_____

引导子任务 3：各小组选择校园中一个长条形地块作为花境设计基地，并进行场地前期调研。

_____

_____

引导子任务 4：结合生态建设趋势，各小组探讨设计理念并确定设计主题。

_____

_____

引导子任务 5：各小组讨论并进行花境初步设计、功能划分，构思平面布局。

_____

_____

引导子任务 6：各小组讨论并进行花境详细设计、施工图设计。

_____

_____

引导子任务 7：各小组进行花境方案比选，挑选优秀作品落地现场施工，并进行初步养护。

_____

_____

_____

知识解读

　　花卉是园林植物造景最基本的素材之一。花卉的种类繁多，色彩丰富艳丽，布置方便，更换容易，且花期易于控制，因此在园林造景中的应用非常广泛。园林植物造景中常应用的花卉形式有花坛、花境、花池、花台、花箱和花钵等。

5.1　花坛

　　花坛是按照设计意图，在具有一定几何形状的植床内种植各类观赏植物的造景形式。花坛一般具有艳丽的色彩或丰富的图案纹样。一般中心部位较高，四周逐渐降低，以便于排水，常用砖块、水泥、瓦片、竹木等材料形成几何形植床边界。

　　花坛主要表现花卉群体的色彩美或花卉群体所构成的图案美，能美化和装饰环境，增加节日的欢乐气氛，同时还有标志、宣传、组织交通等作用。

　　花坛按照空间位置可分为平面花坛、斜面花坛、立体花坛等。按坛面花纹图案分类，可以分为盛花花坛、带状花丛花坛、模纹花坛、造型花坛、造景花坛等。

1. 盛花花坛

　　盛花花坛主要由观花草本花卉组成，表现花卉盛开时群体的色彩美。这种花坛在布置时不要求花卉种类繁多，而要求色块凸出，图案简洁鲜明，对比度强。常用植物材料有一串红、早小菊鸡冠花、三色堇、美女樱、万寿菊等。

　　可作主景应用，设立于广场中心、建筑物正前方、公园入口处、公共绿地中央等。能够有效地美化环境、增加节日气氛，并具有标志宣传和组织交通的作用。

2. 带状花丛花坛

　　带状花丛花坛常配景布置于主景花坛周围、宽阔道路的中央或两侧、规则式草坪边缘、建筑广场边缘和墙基、滨水岸边等位置。具有较好的环境装饰美化效果和视觉导向作用，有时也可作为连续风景中的独立构图。

3. 模纹花坛

　　模纹花坛以观叶或花叶兼美的植物所组成的精致复杂的图案纹样为主要观赏价值，具有长期稳定性、可供长时间观赏的特点。可作为主景应用于广场、街道、建筑物前、会场、公园及住宅小区的入口处等位置。模纹花坛常用的植物材料有彩叶草、香雪球、四季海棠等。

4. 造型花坛

　　造型花坛又称立体花坛，即用花卉栽植在各种立体造型物上形成竖向造型景观的造景形式。常作为大型花坛的构图中心，或独立应用于街头绿地或公园中心，也可布置在公园出入口、重要路口、广场中心，以及建筑物前等游人视线焦点处作为对景。造型花坛可通过骨架和各种植物材料组装创造出不同的立体形象，如动物、人物或实物。

5. 造景花坛

造景花坛是指模拟自然景观作为花坛的构图布局形式，通过骨架、植物材料和其他设备组装，形成山、水、亭、桥等小型山水园或农家小院等景观的花坛形式。

花坛的设计则主要包括花坛外形设计、花坛植床设计、花坛设计图的绘制等。

花坛外形设计时，花坛面积不宜太大，一般不应超过广场面积的 1/3，不小于 1/5。其外部轮廓应与建筑边线、相邻的道路或广场的形状协调一致。花坛的外形常呈轴对称或中心对称，可供多面观赏，一般呈封闭式，人不能进入其中。花坛的外形轮廓一般为规则几何形，如圆形、半圆形、三角形、正方形、长方形、椭圆形、五角形及六角形等，内部图案应主次分明、简洁美观，忌过于复杂。平面花坛的短轴长度在 8~10m 以内，圆形花坛的半径一般在 4.5m 以内。花坛的色彩搭配应与所在环境有所区别，既起到醒目和装饰作用，又与环境相协调。

花坛植床设计时，为了突出表现花坛的外形轮廓和避免人员踏入，花坛植床一般设计为高出地面 10~30cm。植床形式多样，围边材料也各异，需因地制宜，因景而用。花坛植床设计有平面式、龟背式、阶梯式、斜面式、立体式等。花坛植床边缘通常用一些建筑材料作围边或床壁，如水泥砖、块石、圆木、竹片、钢质护栏等，设计时可因地制宜，就地取材。一般要求形式简单，色彩朴素，以突出花卉造景。花坛植床的围边一般高出周围地面 10cm，大型花坛可高出 30~40cm，以增强围护效果。厚度因材而异，一般 10cm 左右，大型花坛的高围边可以适当增宽至 25~30cm，兼有坐凳功能的床壁通常较宽些。

花坛植床的基质厚度因地因景而异。花坛布置于硬质地面时，植床基质宜深些，直接设计于土地的花坛，植床基质可浅些，一年生草花的种植层厚度一般不低于 25cm，多年生花卉和灌木则不低于 40cm。

花坛设计图的绘制内容包括环境总平面图、花坛平面图、立面效果图、设计说明书等。

环境总平面图主要表达花坛所在环境的道路、广场、绿地、建筑情况等，表现内容为各场地平面轮廓，选用 1:100~1:1000 的比例。花坛平面图主要表示花坛详细的图案纹样及所用的植物材料，并进行上色表现，图案纹样一般从内向外用数字依次编号，顺序与植物材料表相对应。立面效果图是展示花坛景观效果的主要表现方式。花坛中的某些细部必要时应绘出立面放大图，立面效果图比例、尺寸应该准确。植物材料表应包括花坛所有植物材料的中文名、拉丁学名、体量大小、高度、种植密度、花色、花期等，如果花坛的植物材料随季节变化则需要另外说明。设计说明书中需要将设计图中难以表现的内容用文字简洁地表达，说明其设计理念、植物选用理由等。

5.2 花境

花境的概念最早出现在英式花园的相关论著中，随着花境的发展，其概念也随之不断变化，总体可以定义为：花境是模拟自然界林缘地带各种野生花卉交错生长的一种自然式的植物配置形式。

花境主要用来表现植物的群体之美、自然之美，适合应用于风景区、城市公共绿地、私人庭院等多种园林绿地类型，选择的植物材料也比较丰富，包括灌木、花卉、地被、藤本等。其中以花卉居多，几乎所有的露地花卉包括宿根花卉、球根花卉及一二年生花卉都可以作为花境的材料，其中多年生宿根花卉、球根花卉应用得更为频繁，如图 5-1 所示。

图 5-1

花境的分类方式有多种，按照植物材料可分为一二年生花境、球根花境、观赏草花境、灌木花境、混合花境等；按照花境用途可分为药用花境、芳香花境、食用花境、观赏花境等；按照植物花色可分为单色花境、双色花境和混色花境等。按照观赏角度可分为单面观花境、双面观花境、对应式花境。

花境植物材料的选择应该因地制宜，做到适地适种以符合场地的生境条件。应择优选择具有二次开花能力的植物以较长地维持花境的观赏周期，还应选择具有较强抗性、不易发生病虫害，容器标准化程度高的后期低养护低管理类植物。

植物材料的选择可以采用以下配置模式进行：木本结构层、宿根季节层、稳定地面层和及时效果层。其中木本结构层形成了花境的整体骨架，所占比例直接影响花境的长效性、低维护性。宿根季节层是花境植物的主体部分，植物要求造型优美、花色鲜艳、花期长、二次开花能力强。稳定地面层往往采取一些常绿藤本植物，植物一般呈匍匐状以便覆盖裸土。及时效果层多采用一二年生花卉，植物需要时常替换，选取及时效果较好的植物。另外，花境配置中一定要排除有毒植物，还要避免选择会引起花粉症、呼吸道疾病和皮炎的植物，可以考虑利用香草、香花植物以丰富花境的嗅觉体验。

按照植物的观赏形态，一般将花境植物材料分为以下几类：高茎类、阔叶类、低矮匍匐类、观赏草类、灌木类等，花境中常用的植物见表5-1。

表 5-1　花境中常用的植物

材　料	可供选择的植物
高茎类	飞燕草、金鱼草、醉蝶花、鼠尾草、美人蕉、鲁冰花（羽扇豆）、大花葱、蛇鞭菊、落新妇、蜀葵
阔叶类	玉簪、花叶玉簪、龟背竹、变叶木、一叶兰、鹅掌柴、彩叶草、鸟巢蕨
低矮匍匐类	丛生福禄考、藿香蓟、筋骨草、鬼针草、常春藤、矾根、大叶仙茅、大吴风草、海芋、佛甲草、香雪球、金叶石菖蒲、矮牵牛、美丽月见草、紫叶酢浆草
观赏草类	狼尾草、粉黛乱子草、矮蒲苇、花叶芒、血草、斑叶芒
灌木类	黄金香柳、龟甲冬青、先令冬青、金边胡颓子、水果蓝、龙柏、洒银柏、侧柏、蓝冰柏

花境施工的技术要点主要包括微地形的营造、土壤的改良、花境植物的栽植等。

微地形的营造能有助于花境排水、促进花境植物生长、丰富花境的景观效果。因此在花境施工初期进行微地形的处理对花境效果呈现有很大帮助。

花境的施工土壤改良在花境施工前期是很容易被忽视的，但却是一个优秀花境作品的基础。如今大多数土壤的肥力不够，pH酸碱度不达标，容易板结，且易产生土壤病虫害。因此在花境植物材料种植之前，应先选取少量样土进行检测，针对检测出的问题进行土壤改良。一般一个完整的土壤改良周期包括清表、深翻、细平整、上营养土、再次深翻、再次细平整六道工序。对土壤进行改良后再进行植物栽植，可以有效提升植物的存活率和景观效果。

花境植物的栽植需要有一定的顺序。栽植顺序一般遵循从高到低，从主到次，从点到面，主体的植物斑块数量不应过多，可以在花境内重复多次，表现其主体地位，并让作品显得统一。花境植物的栽植还要关注种植密度的问题，不能仅考虑即时效果，还要考虑植物成熟后的效果，根据植物的生长习性给足植物生长空间，在追求艺术效果的同时实现科学种植。

5.3 花池、花台、花箱和花钵

花池、花台、花箱、花钵都是体量比较小的花卉应用形式，其造型灵活、形式多样，在现代园林中的应用较为常见。

花池高度一般低于 0.5m，有时低于自然地坪。花池一般利用砖、混凝土、石材、木头等材料砌筑池边，在池内围护起来的种植床内灵活地种植花卉，也可放置盆栽花卉。其形状多数比较规则，花卉材料的运用以及图案的组合较为简单。花池应尽量选择株型整齐、低矮，花期较长的植物材料，如矮牵牛、宿根福禄考、鼠尾草、万寿菊、羽衣甘蓝、钓钟柳、鸢尾等。除了植物材料的选择之外，花池的设计还需要考虑大小、深度、造型、排水系统等因素。

花台是一种明显高出地面的小型花坛，是以植物的形态、花色以及造型等为主要观赏对象的植物景观形式，如图 5-2 所示。花台用砖、石、木、竹或者混凝土等材料砌筑台座，内部填入土壤，栽植花卉。花台的面积较小，一般为 5m² 左右，高度一般在 0.5~1m，常设置于小型广场、庭院的中央或建筑物的周围以及道路两侧，也可与假山、坐凳、围墙结合。花台的选材、设计方法与花坛相似，由于面积较小，一个花台内通常只选用一种主体花卉，形成某一花卉品种的"展示台"。由于花台高出地面，所以常选用株形低矮、枝繁叶茂并下垂的花卉，如矮牵牛、美女樱、天门冬、书带草等，花台植物材料除一二年生花卉、宿根及球根花卉外，也常使用木本花卉，如牡丹、月季、杜鹃、迎春等。

图　5-2

花箱是用木、竹、塑料等材料制成的专门用于栽植或摆放植物的小型容器。花箱的形式多种多样，可以是方方正正，也可以是某一特殊的造型，如车状、桶状，在城市公共空间中应用比较普遍，如图 5-3 所示。

图 5-3

花钵是指用花岗岩、玻璃钢等制作的半球形碗状栽植容器，可坐于地上，也可通过立柱支撑。花钵同花箱一样一般都是可移动的，使用起来较为方便灵活，可以放置在绿地中，也可以摆放在广场或者人行道上，如图 5-4 所示。

图 5-4

学 习 笔 记

评 价 反 馈

评价反馈包括三部分，学生自评、学生互评和教师评价。学生自评主要包括能否完成本项目理论知识的掌握、能否根据引导子任务逐步完成布置的任务（见表 5-2）。

表 5-2　任务评价表

班级：　　　　　　　　姓名：　　　　　　　　学号：

工作任务：实践花卉的造景设计

评价项目	评价标准	分值	得分
完成度	能基本完成本次设计任务	20	
精细度	花坛花境设计施工合理准确	20	
设计美感	设计成果艺术审美高度	20	
表达呈现	设计成果的表达效果	10	
工作态度	态度端正、工匠精神	10	
职业素质	严谨细致、符合标准	10	
沟通合作	沟通合作顺畅	10	
合　　计		100	

综合评价	学生自评（20%）	学生互评（30%）	教师评价（50%）	综合得分

项目 **6** 草坪与藤本造景设计

学习目标

1. 理解草坪与藤本造景设计的相关概念、分类、方法。
2. 能根据不同功能需求进行草坪植物品种的选择。
3. 能进行藤本植物的设计与栽种。

任务布置

进行校园草坪及藤本植物设计情况调研：在校园总平面图上标注出草坪分布情况、草坪植物品种名称、草坪呈现情况；并调研学校的藤本植物分布情况和实际表现，完成调研分析图和调研报告，并给出优化建议。

任务实施

引导子任务 1：根据校园总平面图，标注出草坪分布情况。

_____

_____

_____

引导子任务 2：根据校园总平面图，标注出藤本植物分布情况。

_____

_____

_____

引导子任务 3：进行校园实地调查研究，调研草坪植物品种名称以及现状表现。

_____

_____

_____

引导子任务 4：进行校园实地调查研究，调研藤本植物品种名称以及现状表现。

_____

_____

_____

引导子任务 5：针对目前校园草坪及藤本植物设计情况提出优化建议。

_____

_____

_____

知识解读

6.1 草坪植物造景

通常将经过人工修剪而成的平整草地与不经修剪的天然或培育草地统称为草坪，如图 6-1 所示。

图 6-1

草坪的用途广，作用大，生长快，见效迅速，观赏价值高，组景方式多样，实际应用广泛，是理想的户外游憩场地常用的植物造景形式。目前，许多大中城市都辟建面积较大的公园休憩绿地、中心广场绿地，借助草坪的宽广，烘托出草坪中心主要景物的雄伟。

但草坪也有更新快、绿量值低等缺点，生态效益不如乔木、灌木高，草坪还存在容纳量小、实用性不强、维护成本高等不足，这些均是设计时应慎重对待的。

草坪的分类主要有两种分类方式，即按照草坪植物的组成分类及按照草坪的用途分类。

6.1.1 按草坪植物的组成分类

1. 单一草坪

单一草坪是由一种草种铺设形成的草坪。北方地区多选用野牛草、羊胡子草等草种，华中、华南、华东等地多选用马尼拉草、中华结缕草、地毯草、草地早熟禾等草种。单一草坪整齐美观、低矮稠密、叶色一致，养护管理要求精细，多用作观赏，面积一般不大。

2. 混合草坪

混合草坪是将两种或两种以上草种混合配植铺设形成的草坪，根据草坪的功能和人们的需要，按比例混合，如将宽叶草种和细叶草种混合。夏季生长良好的草种和冬季抗寒性强的草种混合，混合种植不仅能延长草坪植物的绿色观赏期，而且能提高草坪的使用功能和防护功能。

3. 缀花草坪

缀花草坪是在禾草植物为主的草坪上，留出一定面积散植或丛植少许低矮的多年生开花植物或观叶植物，如葱兰、鸢尾、石蒜、酢浆草、二月兰、紫花地丁、野豌豆、水仙、萱草等。这些开花或观叶植物一般不超过草坪总面积的1/3，分布有疏有密，自然错落，多铺设于人流量较少的休憩草坪上。

6.1.2 按草坪的用途分类

1. 观赏性草坪

观赏性草坪多铺设在道路、广场或园林构筑物前，将其作为独立的景观或其他景物的陪衬。这类草坪栽培管理要求精细，需要严格控制杂草生长，并保持整齐美观的边缘，仅供观赏，不允许入内游乐。观赏性草坪的草种一般低矮平整，绿色期长，茎叶密集，以细叶草类为宜，或具有优美的叶丛，叶面具有美丽的斑点或条纹，或开花美丽。

2. 游憩性草坪

游憩性草坪一般建植于医院、学校、居住区、庭院、公园及其他大型绿地之中，供人们工作、学习之余开展游憩和娱乐活动。这类草坪一般采取自然式建植，没有固定的形状，大小不一，允许人们入内活动，管理较粗放。选用的草种应该具备适应性强、耐践踏、质地柔软等特点。可供选择的品种有南方的细叶结缕草、地毯草、狗牙根、马尼拉，北方的早熟禾、野牛草等。

3. 运动场草坪

运动场草坪指专供开展体育运动的草坪，如足球场草坪、网球场草坪、高尔夫球场草坪、赛马场草坪、垒球场草坪、橄榄球场草坪和射击场草坪等。此类草坪管理精细，对草种要求韧性强、耐践踏，并能耐频繁地修剪，形成均匀整齐的平面，恢复容易，有一定的弹性，如狗牙根、结缕草、地毯草等。

4. 环境保护草坪

环境保护草坪主要是为了固土护坡、覆盖地面，不让黄土裸露，从而达到保护生态环境的作用。往往在铁路、公路、水库、堤岸、陡坡处铺植此类草坪，可以防止冲刷引起水土流失，从而对路基、护岸和坡体起到良好的防护作用。这类草坪的草种要求根系发达、适应性强、抗旱抗寒、抗病虫害能力强，一般种植面积较大，管理粗放，如结缕草、假俭草、竹节草、无芒雀麦等。

6.2 藤本植物造景

藤本植物是园林植物中重要的一类，具有不同的形态和攀缘方式，可以在墙面、栏杆、篱垣、棚架等垂直结构上生长，形成绿色屏障，是重要的垂直绿化材料，可广泛应用于棚架、花格、篱垣、栏杆、凉廊、墙面、山石、阳台和屋顶等多种场景，如图 6-2 所示。

图 6-2

充分利用藤本攀缘植物进行垂直绿化是增加绿化面积、改善生态环境的重要途径。垂直绿化不仅能够弥补地面绿化之不足，丰富绿化层次，有助于恢复生态平衡，而且可以增加城市及园林建筑的艺术效果，使之与环境更加协调统一、生动活泼。

藤本植物造景形式有附壁式造景、离垣式造景、棚架式造景、立柱式造景、点缀假山置石造景这几类。

1. 附壁式造景

吸附类攀缘植物不需要任何支架，可通过吸盘或气生根固定在垂直面上。多应用于围墙、楼房等的垂直立面上，形成绿色或五彩的挂毯。附壁式造景在植物材料选择上，应注意植物材料与被绿化物的色彩、形态、质感的协调。表面较为粗糙的墙面如砖墙、石头墙、水泥混砂抹面等可选择枝叶较粗大的植物种类，如爬山虎、薜荔、珍珠莲、常春卫矛及凌霄等。表面光滑细密的墙面如马赛克贴面则宜选用枝叶细小、吸附能力强的种类，如络石、紫花络石、小叶扶芳藤、常春藤等。在华南地区的阴湿环境中还可选用蜈蚣藤、爬树龙、绿萝等。考虑到单一种类观赏特性的缺陷，可利用不同种类间的搭配延长观赏期以创造四季景观。

2. 篱垣式造景

篱垣式造景主要用于栏杆、铁丝网、篱架、矮墙、花格的绿化，这些形式在园林中最基本的用途是防护或分隔，也可单独使用，构成景观。由于这类设施大多高度有限，对植物材料攀缘能力的要求不太严格，几乎所有的藤本攀缘植物均可用于此类造景方式，但不同的篱垣类型各有其适宜的材料。在篱垣式造景中，还应注意各种篱垣的结构是否适于攀缘植物的攀附，一般而言，木本缠绕类植物可攀缘直径 20cm 以下的柱子，而卷须类和草本缠绕类植物大多需要直径 3cm 以下的格栅供其缠绕或卷附，蔓生类则应在生长过程中及时人工引领。

3. 棚架式造景

棚架式造景是园林中最常见、结构造型最丰富的藤本植物景观营造方式。这类景观形式以观花、观叶、观果为主要目的，兼具遮阴功能。棚架式造景在设计时应选择生长旺盛、枝叶茂密、有特定观赏价值的藤本植物材料。可用于棚架的藤本植物有猕猴桃、葡萄、三叶木通、紫藤、野蔷薇、木香、炮仗花、丝瓜、观赏南瓜、观赏葫芦等。

4. 立柱式造景

城市中的各种立柱如高架路立柱、电线杆、路灯灯柱、立交桥立柱等不断增加，它们的绿化已经成为垂直绿化的重要内容之一。这些立柱所处的位置大多交通繁忙、废气粉尘污染严重、土壤条件也差，高架路下的立柱还存在着光照不足等缺点。因此选择植物材料时应当充分考虑这些因素，选用适应性强、抗污染、耐荫等藤本植物材料。我国南方的高架路立柱常见的植物材料主要有春油麻藤、常春藤、五叶地锦、木通、络石、金银花、爬山虎、小叶扶芳藤等。电线杆及灯柱的绿化可选用素方花、西番莲、凌霄、络石等观赏价值高的种类，并防止植物攀爬到电线上。

5. 点缀假山置石造景

利用攀缘植物点缀假山石，应当让山石最优美的部分充分显露出来，并注意植物与山石纹理、色彩的对比和统一。植物不宜太多，植物种类选择视假山类型而定，一般以吸附类为主。还可选择枝叶茂密的种类，如五叶地锦、凌霄、紫藤，并配合其他树木花草。

学 习 笔 记

评 价 反 馈

评价反馈包括三部分，学生自评、学生互评和教师评价。学生自评主要包括能否完成本项目理论知识的掌握、能否根据引导子任务逐步完成布置的任务（见表 6-1）。

表 6-1 任务评价表

班级： 姓名： 学号：

工作任务：校园草坪与藤本植物造景调研与汇报

评价项目	评价标准	分值	得分
完成度	能基本完成本次调研任务	20	
精细度	调研较有深度，调研内容广泛、齐全	20	
规范美感	调研分析图详尽美观	20	
汇报呈现	成果汇报效果	10	
工作态度	态度端正、工匠精神	10	
职业素质	严谨细致、符合标准	10	
沟通合作	沟通合作顺畅	10	
合　计		100	

综合评价	学生自评（20%）	学生互评（30%）	教师评价（50%）	综合得分

项目 *7* 园林植物造景程序

学习目标

1. 了解植物造景设计的基本流程并绘制出流程图。
2. 能自主编制设计意向书。
3. 能自主编制植物方案文本目录、植物施工图目录。

任务布置

　　自行绘制出植物种植设计的流程图，并标注每个流程所需要完成的成果形式。以小组讨论的方式解析一套完整的植物种植设计图纸，说出这套图纸的每个部分相应是在植物种植设计的哪个环节完成的，评价这套植物种植设计图纸的优缺点，并提出优化建议。

任务实施

引导子任务1：进行植物造景设计的流程包括哪些环节？请绘制出流程图。

_____

_____

_____

引导子任务2：植物种植方案设计需要对现场进行哪些调查？制作前期调研表。

_____

_____

_____

引导子任务3：基于前期资料和现场调研，编制植物设计意向书。

_____

_____

_____

引导子任务4：拿到案例图纸，分析其植物设计总体理念、规划结构、主题分区。

_____

_____

_____

引导子任务5：对案例图纸的初步设计情况进行深度解析，并模仿设计。

_____

_____

_____

引导子任务6：对案例图纸的详细设计情况进行深度解析，并模仿绘制。

_____

_____

_____

引导子任务7：对案例图纸的施工图设计情况进行深度解析，并模仿绘制。

_____

_____

_____

知识解读

园林植物造景的流程一般为前期调研与分析、功能分区与种植规划、初步设计与详细设计、植物施工图绘制、植物种植施工五个环节。

7.1 前期调研与分析

前期调研与分析的内容主要包括获取项目信息、现场调查与分析、编制设计意向书等。

7.1.1 获取项目信息

获取项目信息主要包括获取甲方需求偏好、获取项目的任务书、获取项目的招投标文件、获取项目的上位图纸资料等。

公共绿地需要搜集的甲方需求信息包括绿地的使用功能、所属管理部门、绿地的使用人群、主要开展的活动、主要使用的时间、项目的工程期限、项目的造价预算、项目需满足的技术指标包括绿地率、绿化覆盖率等，最后还要了解清楚甲方是否有其他的特殊需求。

私人庭院需要搜集的甲方需求信息包括家庭成员的构成、家庭成员的爱好和活动需求、整体偏好的种植风格、项目的工程期限、项目的造价预算等。

获取项目信息的另一个重要来源是项目的招投标文件，应学会从招投标文件中获取项目的目标定位、实施意义、服务对象、工期造价以及项目对植物造景的具体要求。

此阶段还可以向甲方索要场地的测绘图、上位规划图、现状树木分布图以及地下管线图等图纸，这些图纸是决定后期植物栽植位置及栽植方式的重要依据。上位规划图包含的信息有红线设计范围、地形标高、周边构筑及设施位置、周边道路交通状况、未来建设发展状况等。现状树木分布图包含的信息为现有树木的位置、品种、规格、生长状况以及观赏价值、现有的古树名木情况等。地下管线图所包括的信息主要是基地中所有要保留的地下管线及其设施的位置、规格以及埋深等。

此时，还应查询场地的自然与人文历史资料，包括场地的水文、地质、地形、气象、原始植被情况，尤其是地区内的乡土植物种类、群落组成，以及引种植物情况等。

以上图纸资料和信息，有些或许与植物并无直接的联系，比如周围的景观、人们的活动等，但实际上这些潜在的因素能够很大程度上影响植物品种的选择与搭配，从而创造出更生态、更合理、更美观的植物景观。总之，在拿到一个项目之后要多方收集资料，尽量详细、深入地了解这一项目的相关内容，以求全面地掌握影响植物造景的各种因素。

7.1.2 现场调查与分析

现场调查的内容主要包括周边环境、自然条件、人工设施、视觉质量等。

（1）周边环境：调查现场周围的设施、道路交通、污染源及其类型、人员活动等。

（2）自然条件：调查场地的温度、风向、光照、水分、植被及群落构成、土壤、地形地势以及小气候等。

（3）人工设施：调查现有道路、桥梁、建筑、构筑物、管线等。

（4）视觉质量：调查现有景观、视域、可能的主要观赏点等。

（5）基地测绘：一些尺度比较小的场地，如果甲方无法提供准确的基地测绘图，就需要进行现场实测，并根据实测结果绘制基地现状图。基地现状图中应该包含基地中现存的所有元素，如建筑物、构筑物、道路、铺装、植物等。需要特别注意的是场地中有价值的植物需要进行保留，它们的冠幅、高度、胸径等信息也需要进行测量并记录。另外，如果场地中某些设施需要拆除或者移走，应再绘制一张基地设计条件图，在图纸上仅标注基地中保留下来的元素。

（6）现状分析：现状分析阶段一般会对前期现状调查的结果进行整合、处理、分析，绘制出综合分析图，并得出一定的分析结论，这些分析结论是后续植物配置的主要依据。因此现状分析是必不可少的重要环节，会关系到植物品种的选择、植物景观的创造、植物功能的发挥等一系列问题。现状分析的内容是比较复杂的，要想获得准确、翔实的分析结果，一般要多专业配合，按照专业分项进行，用叠图法将分析结果分别标注在一系列复制的底图上，然后将它们叠加在一起，绘制成基地的综合分析图。

7.1.3 编制设计意向书

前期调研与分析的最终成果往往以设计意向书的形式进行表达，设计意向书主要包括以下内容：本项目的设计原则、设计依据、项目类型、整体植物设计风格、对基地现状及外围环境的利用和处理方法、主要的功能区及其面积估算、植物设计时需要注意的关键问题等。

通过编制设计意向书，可以将前期调研与分析的所有内容进行整合，并形成具体的指导意见，为后期的植物规划设计提供依据。

7.2 功能分区与种植规划

植物功能分区与种植规划阶段一般会确定植物种植的设计理念、总体结构、主题风格、功能划分等。在此过程中，设计师可以利用圆圈、箭头等抽象符号区分各个植物功能分区，确定大致的面积，并用文字进行说明，这种表达形式被称为泡泡图。常见的植物功能分区有入口标识区、中心活动区、视觉屏障区、园艺种植区、自然科普区、专类植物区等。

在此环节，我们有时还会确定各个植物分区的大体配置形式，如分区 A 的植物配置模式为乔木＋地被形成的"疏林草地式"，分区 B 的模式为乔木＋灌木＋地被形成的"复合组团式"，分区 C 的模式则是全部由大型乔木形成的"封闭密林式"等。

7.3　初步设计与详细设计

确定植物功能分区后，应进行植物的初步设计与详细设计，包括植物立面设计、植物季相设计、植物平面优化调整、植物品种确定、植物规格数量与栽植密度的确定等。

这个阶段应该从植物的形状、色彩、质感、季相变化、生长习性、生长速度等多个方面综合分析、选择、调整，做到适地适树又效果突出。在植物设计阶段应该注意以下要点。

1. 规范标准

植物设计需要符合行业相关标准规范与技术要求。在行业标准规范中，往往对植物种植点位置与周边管线、建筑的距离有所要求，应该按照相关技术要求留出一定距离。在道路交叉口处种植树木时，则必须留出一定非种植区域，以保证行车安全视距，一般在安全视距内不应栽植高于 1m 的植物，而且不得妨碍交叉口路灯的照明。

2. 布局形式

植物的布局形式应该与上位景观设计的风格相吻合，规则式的景观布局一般对应规则式的植物形式，自然式的景观布局一般对应自然式的植物形式，另外，植物的布局形式应该与其他景观要素相协调，在确定植物具体的布局形式时还需要综合考虑周围环境、设计意向、使用功能等。在植物设计图纸中一般通过植物种植点的位置来确定植物的布局形式，所以在设计图中一定要标注清楚植物种植点的位置，在项目实施过程中，是根据设计图中种植点的位置来栽植植物的，如果植物种植点的位置出现偏差，可能会影响整个景观效果，尤其是孤植树种植点的位置更为重要。

3. 植物品种选择

植物品种的选择是不断缩小植物选择范围的过程，筛除之前不合理的意向植物，选择更合适的植物。植物品种的选择一般包括骨干树、基调树、主景树、配景树等的选择。骨干树种是较为适应本地自然条件，适合大量运用的树种，常常在营造林带或群植时选用。基调树种是体现绿地功能、设计风格及设计理念的树种，品种的选择应根据景观风格来确定。主景树在种植设计中一般是独立的造景元素，本身应具备独特的观赏特征，如孤植树。在一个设计项目中，主景树的品种不宜过多，否则将使注意力分散在众多形态各异的目标上。在选择植物时，应综合考虑以下各种因素。

（1）基地自然条件、植物的生态习性（光照、水分、温度、土壤、风等）及种植技术。

（2）设计主题和环境特点。

（3）植物的观赏特性和使用功能。

（4）当地的地域特色、民俗习惯、人文喜好。

（5）项目造价。

（6）苗源（本地苗圃、外地苗圃、野外移植）和苗木质量。

（7）后期养护管理等。

4. 植物数量、规格与栽植密度

植物的数量与植物的整体效果、成本预算密切相关，植物的规格则与植物的年龄密切相关。在植物设计中，要注意不能按照幼苗规格进行植物配置，而应按照成龄植物规格即植物成熟度 75%～100% 的规格予以配置，图纸中的植物图例也要按照成龄苗木的规格进行绘制，如果栽植规格与图中绘制规格不符时应在图纸中给出说明。植物栽植密度主要是指植物与植物之间种植间距的大小。要想获得理想的植物景观效果，应该在满足植物正常生长的前提下，保证植物成熟后相互搭接，形成植物组团。我们不仅要掌握植物幼苗时的体量，还应清楚植物成熟后的规格，从而合理地确定植物数量与栽植密度。

另外，植物的栽植密度还取决于所选植物的生长速度，对于速生树种，间距可以稍微大些，以保证植物拥有充足的生长空间；相反地，对于慢生树种，间距要适当减小，以保证其在尽量短的时间内形成效果。在植物配置时就应考虑将速生树种与慢生树种组合搭配。速生树种与慢生树种的搭配有时需要根据甲方要求调整，如果需要短期内获得更好的景观效果就需要采取密植的方式，即减小栽植间距增加种植数量，当植物生长到一定时期后则需要进行梳理间伐，以满足观赏和植物生长的需要。

7.4 植物施工图绘制

植物施工图的绘制应精准地表现植物种植位置、材料品种、种植面积等详细信息。如果施工图中内容较少，可以全部在一张植物施工总图中表现，否则应分别绘制乔木施工图、灌木施工图和地被施工图等分项种植施工图。

植物施工图的比例尺应视具体情况而定，一般采用 1∶500、1∶300、1∶200，样图则可采用 1∶100、1∶50 的比例尺，也可根据图纸内容选择其他合适的比例，以便准确地表示重要区域的植物设计情况。

7.5　植物种植施工

植物种植施工的流程一般为选苗号苗、平整场地、检查验收苗木、放线挖穴、苗木运输、苗木再次检查、苗木种植、清理场地、苗木养护。

植物种植施工过程中需要注意以下几点。

7.5.1　种植基础

绿化栽植或播种前，应对该地区的土壤理化性质进行化验分析，以便采取相应的土壤改良、施肥和置换客土等措施。绿化栽植土壤有效土层厚度应符合相关规定。

严禁使用建筑垃圾土、未经改良的强酸或强碱土及其他含有有害成分的土壤；除地下设施覆土绿化及屋顶绿化栽植外，绿化栽植土壤有效土层下不得有不透水层。

绿化栽植前，应清查施工范围内的管线以及隐蔽物埋设情况。有各种管线的区域、建（构）筑物周边的绿化用地整理，应在其完工并验收合格后进行。应将现场内的渣土、工程废料、宿根性杂草、树根及其有害污染物清除干净。对清理的废弃构筑物、工程渣土、不符合栽植土理化标准的原状土等，应做好测量记录、签认。场地标高及清理程度应符合设计和栽植要求。填垫范围内不应有坑洼、积水。对软泥和不透水层，应进行处理。

另外，栽植土、回填土及造型胎土应符合设计要求，并有检测报告。回填土及地形造型的平面位置、范围、厚度、标高、造型及坡度均应符合设计要求。回填及地形造型的测量放线工作应做好记录、签认。回填土壤应分层适度压实，或自然沉降达到基本稳定，严禁用机械反复碾压。地形造型应坡度顺滑、自然美观。

7.5.2　栽植穴、槽的挖掘

挖掘栽植穴、槽前，应了解地下管线和隐蔽物的埋设情况。树木与地下管线外缘及树木与其他设施的最小水平距离应符合相关规定的要求。栽植穴、槽定点放线应符合设计图纸要求，位置应准确，标记明显。栽植穴定点时，应标明中心点位置。栽植槽应标明边线。定点标志应标明树种名称（或代号）、规格。树木定点遇有障碍物时，应与设计单位取得联系，进行适当调整。穴、槽应垂直下挖，上口下底应相等。栽植穴、槽的直径应大于土球或裸根苗根系展幅40～60cm，穴深度为穴径的3/4～4/5。栽植穴、槽挖出的表层土和底土应分别堆放，底部应施基肥并回填表土或改良土。栽植穴、槽底部遇有不透水层及重黏土层时，应进行疏松或采取排水措施。土壤干燥时，应在栽植前灌水浸穴、槽。乔木、灌木和绿篱的种植穴、槽规格应符合相关规定。

7.5.3 植物材料

植物材料种类、品种名称及规格应符合设计要求。严禁使用带有严重病虫害的植物材料，非检疫对象的病虫害危害程度或危害痕迹不得超过树体的 5%～10%。自外省市及国外引进的植物材料应有植物检疫证。各类植物材料的外观质量要求和检验方法可以参照标准《园林绿化工程施工及验收规范》，见表 7-1 和表 7-2。

表 7-1 植物材料的外观质量要求和检验方法

项目		质量要求	检验方法
乔木、灌木	姿态和长势	树形完整，主枝匀称，树冠完整不偏冠，分枝点及分枝合理，有三级以上分枝；叶片茂盛，生长势良好。用于分车带、行道树的乔木，树干应通直，高度基本一致，二、三级分枝分布均匀，树冠无偏斜，分枝点高度应在 2.8～3.5m	检验方法：观察，量测，检测；检查数量：每100株检查10株，少于20株全数检查
	病虫害	危害程度不超过树体的 5%～10%，无蛀干害虫危害状	
	土球	土球的直径、高度符合规定要求，土球完整，包扎牢固，无伸出土球的根条	
	裸根系根苗	根系完整，规格符合要求，主根切断处在主侧根以下，无劈裂，带须根多，带护心土，根切口平整，包扎有效	
	容器苗木	规格符合要求，苗木不徒长，根系发育良好不外露	
地被植物	姿态和长势	株形苗壮，无损伤；茎、叶丰满无污染	检验方法：观察检查；检查数量：按面积抽查10%，4m² 为 1 点，至少 5 个点；小于等于30m² 时全数检查
	容器苗木	应经过正常栽培，不徒长；容器完整结实牢靠，便于运输、拆除、降解	
	病虫害	危害程度不超过树体的 5%	
	根系	根系良好，包扎完好，保护措施有效	
草本花卉	姿态和长势	一二年生花卉，规格、花色符合设计要求，品种无退化，植株健壮，叶片分布均匀，排列整齐，形状完好，色泽明亮	检验方法：观察检查；检查数量：按面积抽查10%，4m² 为 1 点，至少 5 个点；小于等于30m² 时全数检查
	病虫害	无生理性病害；浸染性病害和虫害危害程度不超过植株的 5%	
	根系、土壤、容器	宿根花卉根系完整，无腐烂，带护心土；球根花卉球根健壮、无损伤、幼芽饱满；水生花卉根茎发育良好，植株健壮；容器规格满足花卉生长要求	
	包扎、包装	包扎、包装完好，保护措施有效	

续表

项 目		质 量 要 求	检 验 方 法
草块、草卷、草束、种子	品质	草高均一，密度大，无杂草，无病虫害，根系密布无斑秃，不具裸露地，带土层厚度均匀，杂草小于等于1%，草束根系，分蘖良好，草芯鲜活	检验方法：观察，尺量；检查数量：按面积抽查10%，4m² 为 1 点，至少 5 个点；小于等于30m² 时全数检查
	规格	草卷、草块长宽尺寸基本一致，宽度不小于20cm	
	草坪花卉种子品质	草坪、花卉种子必须有品种、质量、产地、生产单位、采收年份等出厂质量检验报告或说明；种子饱满，纯净度大于等于95%；冷季型草坪种子发芽率大于等于85%，暖季型草坪种子发芽率大于等于70%；花卉种子应为优良品系；外地引进种子应有检疫合格证	检验方法：观察，发芽试验；检查数量：按重抽查10%，每250g 为 1 点；1000g 以下时全数检查
造型景观树		长势良好，姿态独特优美，曲虬苍劲，古朴典雅；多干式桩景树的云片不少于 7 个；土球完整	检验方法：观察，尺量；检查数量：全数检查
竹类		散生竹应选择一二生、健壮无病虫害、分枝低、枝繁叶茂、鞭芽饱满、根鞭健全、无开花枝的母竹，竹鞭截面光滑，无劈裂，根系完整。丛生竹应选择竿基芽眼饱满、须根发达的1～2 年生竹丛，竿基应有健芽 4～5 个，芽眼无损伤，须根应保留	检验方法：观察，量测，检测；检查数量：小于 30 株全数检查；大于 30 株，每 10 株检查 2 株
攀缘植物		应选用 1 年生以上，植株生长健壮、根系丰满的苗木	检验方法：观察，量测，检测；检查数量：小于 30 株全数检查；大于 30 株，每 10 株检查 2 株

表 7-2 乔木、灌木、绿篱的种植穴、槽规格　　　　单位：cm

项 目			种植穴、槽规格		
乔木	胸径	4～6	种植穴直径	60～80	种植穴深度	45～65
		6～8		80～90		60～70
		8～10		90～110		65～85
		10～12		110～130		80～100
		12～14		130～150		95～120
		14～16		150～170		110～130
		16～18		170～200		125～160
		18～20		200～220		150～175
		≥20		按照大树规格		按照大树规格

续表

项 目			种植穴、槽规格			
灌木	冠径	50~100	种植穴直径	50~70	种植穴深度	40~55
		100~150		70~90		50~70
		150~200		90~110		66~85
绿篱	苗高	50~80	槽深×槽宽（单行种植）	40×40	槽深×槽宽（双行种植）	40×60
		80~120		50×50		50×70
		120~150		60×60		60×80
竹类	丛生竹		栽植穴规格为根蔸的1~2倍			
	散生竹		栽植穴规格比鞭根长80~100cm，宽40~50cm，深30~40cm			

7.5.4 苗木运输、假植和修剪

苗木装运前，应仔细核对苗木的品种、规格、数量、质量。外地苗木应事先办理苗木检疫手续，本地苗木办好苗木出圃单。运输车辆或吊装机具的工作吨位必须满足苗木运输、吊装的需要，并应制订相应的安全技术措施。苗木运输量应根据现场栽植量确定，合理安排运输时间，随挖随运，到现场及时栽植。装车、运输时不得人为、机械损伤苗木或灼伤、冻伤苗木。吊装、运输乔木应使用包扎、填充物保护树干。带土球苗木装车和运输时，大小苗木排列顺序应合理，捆绑稳固，土球之间必须排列紧密，不摇摆，土球上不得放置重物，树梢不得拖地。裸根苗木运输时，应进行覆盖，保持根部湿润。运输竹类时，不得损伤竹鞭、竹芽和生长点。卸车时，应在栽植地点附近选择适合堆场，轻取轻放，不得损伤苗木及土球。裸根苗要按顺序拿放，卸车后码堆整齐，不盘根错节。

苗木运到现场，当天不能栽植的应及时进行假植。苗木假植时，不得损伤主干和分枝，应尽量减少假植时间。假植时间较长的，应对树冠遮阴、叶面喷雾或洒水，确保苗木成活。裸根苗可在栽植现场就近选择适合地点，根据根幅大小挖假植沟假植。假植时间较长时，根系应用湿土埋严，不得裸露、透风，根系不得失水或长时间浸泡。带土球苗木的假植，可将苗木码放整齐，土球四周培土，喷水保持土球湿润。

苗木修剪整形应符合设计要求；当无要求时，修剪整形应保持原树形。苗木栽植前的修剪应将劈裂根、病虫根、腐朽根、过长根剪除，整形不应违背树木的生长规律，应以疏枝为主，适度轻剪，保持树体地上、地下部位生长平衡。栽植后整形修剪应遵循"先上后下、先内后外、去弱留强、去老留新"的原则，保证苗木正常生长。乔木类、灌木及藤本类修剪应按照《园林绿化工程施工及验收规范》(CJJ 82—2012)的相关规定执行。

7.5.5 苗木栽植

苗木栽植时应按施工图核准苗木品种、数量、规格及栽植位置，应根据区位及现场情况适树适栽、适时适栽、适法适栽。带土球苗木应除去不易降解的包装物。苗木入穴时，应调整苗木的主要观赏面。除特定景观要求外，栽植的苗木应保持直立，苗木的栽植深度与原种植线持平。栽植裸根苗木随起苗随种植，应将栽植穴底添土呈半圆土堆，穴底可制作少量泥浆，回填土至 1/2 时，轻提树干填土踏实。带土球苗木入穴前，需将穴底回填种植土。回填土厚度，乔木应大于 20cm，灌木应大于 10cm。坡面栽植由上往下顺序进行；假山或置石栽植应在石缝间的种植土中掺入苔藓、泥炭等保湿透气材料，栽植高度、密度应与假山、置石协调。苗木栽植后，应及时绑扎、支撑、浇透水及栽后修剪。种植施用的有机肥料应充分发酵腐熟，无机肥料应采用树木专用缓释肥，肥料与植物根系不得直接接触。

乔木的栽植宜在春季土壤解冻后、树木发芽前或秋季树木停止生长后、土壤冰冻前进行。行道树或行列式种植树木应保持在同一直线上，相邻同规格苗木高度相差不宜超过 30cm。

灌木栽植分自然式栽植与规则式栽植，自然式种植灌木应疏密有致、高低错落，群植、规则式种植灌木应株行距均匀。灌木与草坪之间应切边，切边由草坪向灌木一侧倾斜 45°，深 8～10cm，切边宽窄一致，线条流畅。

绿篱、色块栽植时株行距、苗木高度、冠幅大小应均匀搭配，成苗后宜覆盖地面，宜按由内向外顺序退植，树形丰满的一面向外。大范围种植或不同色彩并植时，应分区块种植。绿篱在临近道路种植时，若设计无要求，绿篱外缘宜距道路边缘 30cm 以上。灌木、绿篱、色块栽植的线形应顺畅自然，与周边地形协调。

草坪和草本地被种植应根据不同地区气候条件及暖季型、冷季型草种特性，在最佳施工期进行栽植。草坪种植可选择播种、分栽、铺设草块、草卷等方法，草本地被种植可选择播种或分栽方法。草坪和草本地被播种应选择饱满、不含杂质的优良品种。草坪和草本地被植物分栽应选择强匍匐茎或强根茎生长习性草种。分栽植物的株行距、每丛的单株数应满足设计要求。当设计无明确要求时，可按丛的株行距（15～20）cm×（15～20）cm，呈品字形；或每平方米植物材料可按 1:4～1:3 的系数进行栽植。掘取草块、草卷时应适量浇水，待渗透后掘取；铺设草卷、草块不应重叠，应按设计留缝，宽度一致；草卷、草块铺设完后应及时浇水，浸湿土厚度应达到 10cm。运动场草坪必须耐踏压和具有恢复生长能力，草坪的坪床结构和表层基质、排灌系统应符合设计要求；坪床基层应平整压实，表层基质铺设细致均匀，坪床整体紧实度适宜。

地栽花卉应按照施工图定点放线，在地面上准确画出位置、轮廓线。面积较大的花坛可用方格线法，按比例放大到地面。花卉用苗宜选用根系发育良好的植株。最高气温25℃以下的晴天，可全天栽植；当气温高于25℃时，应避开中午高温时间栽植；冬季，宜在中午栽植。对大型花坛，花卉栽植的顺序宜分区、分规格、分块栽植；对独立花坛，应由中心向外顺序栽植；对坡式花坛，应由上向下栽植。栽植花苗的株行距应按植株高低、分蘖多少、冠丛大小决定。花苗栽植时不得损伤茎叶，应保持根系完整，栽植深度宜为原栽植深度。球根花卉栽植深度通常情况下宜为球茎的1～2倍。花境栽植应体现自然和群落美感，单面花境应在后部栽植高大植株，向前依次栽植低矮植物；双面花境应从中心部位开始依次栽植；混合花境应先栽植大型植株，定好骨架后依次栽植宿根、球根及一二年生花卉。当设计无要求时，各种花卉应成团成丛栽植，各团、丛的植物花色、花期应搭配合理。花丛栽植应按先高后低、先内后外的顺序依次植入花卉苗木；应选用小灌木、多年生花卉或有自播繁衍能力的一二年生草本花卉苗木。造型及装饰花卉的骨架及支撑应坚固、安全、可靠。花卉摆设后，造型材料不应外露、表面花卉应分布均匀、高低错落。栽培基质应满足花卉生长的需要，花苗根部应舒展，成活后应及时整形、修剪。

学 习 笔 记

评 价 反 馈

评价反馈包括三部分，学生自评、学生互评和教师评价。学生自评主要包括能否完成本项目理论知识的掌握、能否根据引导子任务逐步完成布置的任务（见表 7-3）。

表 7-3　任务评价表

班级：　　　　　　　　　姓名：　　　　　　　　　　　学号：

工作任务：赏析植物造景设计优秀案例

评价项目	评 价 标 准	分值	得分
完成度	能基本完成本次设计任务	20	
精细度	植物造景设计流程图绘制精细准确	20	
设计美感	设计成果艺术审美高度	20	
表达呈现	设计成果的表达效果	10	
工作态度	态度端正、工匠精神	10	
职业素质	严谨细致、符合标准	10	
沟通合作	沟通合作顺畅	10	
合　　计		100	

综合评价	学生自评（20%）	学生互评（30%）	教师评价（50%）	综合得分

项目 *8* 公园绿地植物造景

学习目标

1. 掌握公园绿地植物造景的原则与方法。
2. 能深入鉴赏并模仿优秀的公园植物造景案例。
3. 能完成一个口袋公园的植物造景设计。

任务布置

深入鉴赏一个优秀的公园绿地植物造景案例，如杭州太子湾公园。查找该公园植物造景相关的线上资料，并进行线下调研，完成一份图文并茂的分析报告。要求分析内容全面，涵盖该公园各功能区的植物造景形式，用拍照结合手绘、计算机绘图等表现方式绘制出重要的植物造景节点，包括重要节点的植物造景平面图、立面图、效果图及苗木表，最后将分析报告进行小组讨论。

任务实施

引导子任务 1：查找并罗列出公园设计规范中与"植物造景"相关的规定。

_____

_____

_____

引导子任务 2：自选一个优秀的公园，线上查找该公园相关的资料。

_____

_____

_____

引导子任务 3：线下考察并调研该公园植物造景实况，做好拍照记录工作。

_____

_____

_____

引导子任务 4：整理线上线下资料，绘制重要节点的植物造景平立面图和效果图。

_____

_____

_____

引导子任务 5：为绘制的植物配置节点标注植物品种名称、罗列苗木表。

_____

_____

_____

引导子任务 6：整理全套素材，撰写鉴赏报告，并小组讨论。

_____

_____

_____

知识解读

随着社会的发展和科技的进步，人们对生活环境的重视也上升到了一个新的高度。公园绿地是现代生活频繁应用的公共绿地空间，因此优化公园绿地的植物配置、打造优美的公园植物景观意义重大。

综合性公园的植物景观营造需从全园的环境条件、各类人群的功能要求和视觉欣赏的审美要求出发，既要保证良好的环境生态效益，又要实现公园的多元功能，达到功能与美学的和谐统一。在进行公园植物造景时，须全面规划、重点突出、近期与远期相结合，营造既满足功能又富有特色的公园植物景观。

8.1 公园植物造景原则

8.1.1 生态原则，适地适树

公园绿地的植物造景首先应遵循生态原则，要求植物配置满足植物正常生长的基本需求，做到适地适树，最大限度地发挥植物改善城市生态环境的作用。

要做到生态优先、适地适树，应充分调研现状场地的生态条件如光照、温度、水分、土壤、风、湿度等，根据场地实际条件选择植物。光照较强的地方应种植喜充足光照的植物，如梅、木棉、松柏、杨柳；光照较弱的地方则应种植耐阴的植物如罗汉松、山楂、棣棠、珍珠梅、杜鹃；场地水分较充足的地方适宜种植喜水湿的柳、水杉、水松、丝棉木；而场地土壤贫瘠的地区则应种植耐瘠薄的沙枣、沙棘、柽柳、胡杨等。在不同的生态环境条件下，选择与之相适应的植物种类，也更易形成各景区的特色。

8.1.2 美学原则，突出特色

公园绿地的植物造景应围绕设计主题，在植物配置上体现自己的特色，突出一种或几种植物景观，形成公园绿地的植物特色。以当地乡土植物为主体框架，体现艺术性和地域性的融合，突出地域特色和城市风貌。运用植物的花、果、叶等观赏特征，形成丰富多彩的植物组团，并注意植物的季相变化尤其是春、秋两季的景观效果，营造出引人注目的植物景观。

公园植物造景应充分考虑景观立意与整体布局，与地形地貌、水体、构筑等其他景观要素相结合，形成疏密相间、曲折有致、色彩相宜的植物景观空间。全园的常绿树与落叶树应有一定的比例，一般华北、西北、东北地区常绿树占 30%~40%，落叶树占 60%~70%；华中地区，常绿树占 50%~60%，落叶树占 40%~50%；华南地区，常绿树占 70%～80%，落叶树占 20%～30%。在林种搭配方面，混交林可占 70%，单纯林可占 30%。做到三季有花有色，四季有景，季相明显，景观各异。

公园绿地的四季季相景观和专类园植物设计是公园植物造景的重点，植物的规划设计应考虑四时季节变化，形成富有四季特色的植物景观，使游人春季观花、夏季纳荫、秋季观叶品果、冬季赏干观枝。

以不同植物主题组成专类园，是公园景观规划中不可缺少的内容，尤其花繁叶茂、色彩绚丽的专类花园更是让游人流连忘返。常见的专类园有牡丹园、月季园、丁香园、杜鹃园、桂花园、梅园、木兰园、山茶园、海棠园、兰园等。利用不同叶色、花色的植物，组成各种不同色彩的专类花园，也日益受到人们的喜爱，如红花园、白花园、黄花园、紫花园等。在目前公园参与性与体验性见长的趋势下，设计五感花园、触觉花园、芳香性花园也是很好的专类植物园的设计方向。

8.1.3　人本原则，满足功能

公园绿地植物造景应遵循以人为本的原则，通过植物造景满足人空间活动的需求、视觉审美的需求等。同时，植物景观设计应注重传承历史文脉，注重其与自然环境条件的结合，提炼、营造文化主题。

根据游人对公园绿地游览观赏的要求，冬季有寒风侵袭的地方，要考虑防风林带的配置。在公园建筑物和活动广场周边，应考虑遮阴和观赏的需要，配置乔灌花草；在娱乐区、儿童活动区，为营造活泼的环境氛围，可选用红、橙、黄等暖色调的植物花卉；在休息区和纪念区，为取得幽静清新、庄严肃穆的环境气氛，可选用绿、蓝、紫等冷色调的植物花卉。

8.1.4　全面规划，近远期结合

公园的植物配置应该基于植物的生长速度、植物幼苗期与成熟期的不同状态进行近远期的规划与设计，应合理搭配速生植物与慢生植物的比例，规划中应注意近期绿化效果要求高的部位，植物配置应以速生树种的大苗为主，适当密植，待树木长大后再移植或疏伐。而在后期养护管理投入不高的地区，植物配置应该以慢生树种为主，减少后期的养护管理成本，做到节约长效低维护。

8.2　公园各分区植物造景

综合性公园应根据公园的活动内容，进行分区布置。一般可分为出入口区、游憩娱乐区、观赏游览区、环保生态区、安静休息区、体育活动区、儿童活动区等。植物造景

应根据各个分区的功能要求、主题特色进行个性化的设计。

8.2.1　出入口区

公园主入口区域是整个公园的标识空间，也是出入公园的第一通道，植物配置起着软化入口和大门的几何线条、增加景深、扩大视野、延伸空间的作用。入口和大门的形式多样，因此，植物配置应随不同性质、不同形式的入口和大门而异，要求和入口、大门的氛围相协调，同时还应注意丰富街景并突出公园的特色（见图8-1）。

图　8-1

8.2.2　游憩娱乐区

游憩娱乐区要求地形开阔平坦，绿化以较为低矮的花坛、花境、草坪为主，便于游人集散，适当点缀几株常绿大乔木，不宜过多种植灌木，以免妨碍游人视线，影响交通。在室外铺装场地上应留出树穴，栽种大乔木。供各种参观游览的室内，可布置一些盆栽花木。

游憩娱乐区的植物配置较适合的方式为观赏型植物群落模式，主要包括开阔型草坪植物群落和疏林草地型植物群落。即植物配置以乔草为主，强调人性空间的建立，其独有的开阔性和空间性能够使游人进入草坪休憩、游玩、活动和交谈。

开阔型草坪植物群落在植物配置时，常以一两种常绿树种作为统一的背景，将花木栽植于林缘，突出季相效果。树群有的栽植于草坪边缘，有的栽植于草坪中间，形成过渡，营造开敞或半开敞的空间（见图8-2），以适应游人不同的休憩需求，整体视野开阔，气氛明朗。以杭州西湖南部公园配置模式为例，常见的开阔型草坪植物群落有二乔玉兰＋广玉兰＋杜鹃、悬铃木＋合欢＋沿阶草、枫香＋朴树＋茶梅＋沿阶草等。

图　8-2

　　疏林草地植物群落结构层次丰富，所营造的空间利用率较高。植物配置模式以乔木＋地被为主，中层铺植少数花木植物（见图 8-3）。群落上层应用高大、分枝点高、具有一定透光性的乔木，围合上层空间，增加夏季庇荫效果。在种植方式上，既可孤植也可丛植，但数量不会过多。中层配植零星观赏性小乔木或大灌木，形成群落中的视觉焦点；群落下层用低矮的灌木和地被植物围合成安静的半开敞空间，但由于植株不高，水平视线不被完全限定，增加了群落的纵深感。常用的具体模式有广玉兰＋银杏＋桂花＋吉祥草、雪松＋日本樱花＋桂花＋阔叶麦冬等。

图　8-3

8.2.3　观赏游览区

　　观赏游览区域主要为游人提供休闲和亲近自然的环境，植物配置应突出自然、生态的特点，并体现地域特色。在植物种类选择上，应以观赏效果好、具有地方特色的乡土树种为主调植物，在搭配方式上多用丛植、群植和片植的方式，适当点缀孤植树。

　　观赏游览区较为适合的植物配置模式为观赏型植物群落模式，这种配置模式的主要功能是美化区域景观，其典型的搭配为乔木＋灌木＋地被（见图 8-4）。群落中植物种类丰富，植物配置时立面层次简洁，群落上层乔木数量较少，群落中层多选用观赏价值高的中小型乔灌木，这类植物通常树形优美，花色、叶色、果实、枝干随季节转换而发生变化，令人心情愉悦。同时运用美学原理，采取统一与变化、调和与对比、韵律与节奏、比例与尺度等手法，结合所处地形和周围景色，合理布局，形成多层次的观赏型植物群落，展示群落的整体美，景观效果良好，可供参考的具体模式有樟树＋鸡爪槭＋日本樱花＋沿阶草、垂柳＋柿树＋红叶李＋鸡爪槭＋紫藤、合欢＋垂柳＋红枫＋山茶＋沿阶草、朴树＋日本晚樱＋桂花＋吉祥草等。

图　8-4

8.2.4　环保生态区

　　公园环保生态区的植物配置应该以生态原则为第一配置准则，在尊重植物生态习性的基础上，为缓解环境恶化现状、维护自然生态环境而进行的植物配置方式（见图 8-5）。作为植物设计师或园林工程师，除了充分理解和遵守生态原则外，还需要对原生态植被有保护和修复的意识。

图　8-5

除了还原、恢复生态区的自然植物群落，还可以配置有一定自然环保功能的植物群落，起到净化公园绿地空气、减轻噪声污染、调节区域中的温度和湿度等作用。例如，无患子＋枫杨＋浙江楠＋桂花的植物群落模式能有效调节环境小气候，在夏季，群落上层的植物枝叶茂密、郁郁葱葱，可以为公园游客提供庇荫场地。群落内植物所进行的蒸腾作用，可以起到降低区域内温度和增加湿度的作用；而冬季上层的落叶乔木枝叶凋零，仅剩的枝干透过冬日的阳光，可以维持区域内气温的恒定，创造宜人环境。

净化空气型的植物群落是由对空气中的污染物有一定净化能力的植物配置形成。例如，山茶能抵御二氧化硫、氟氯氢等有害物质的侵害；紫薇对氯气、氯化氢、二氧化硫、氟等有害气体有较强的吸收能力；桂花对氯化氢、硫化氢苯酚等污染物有特殊的净化能力，对化学烟雾有一定的抵抗力。合理配植这些植物可使公园绿地中的空气得到净化，有益于人体健康。可供参考的配置模式有垂柳＋日本樱花＋桂花＋八角金盘、二乔玉兰＋广玉兰＋鸡爪槭＋山茶等。

保健型植物群落模式则需要选择那些能天然分泌对人体有益的物质的植物。例如，桂花的香味不仅可以抗菌、消炎，还能止咳、平喘；松树的气味含有氧离子和负离子，可以改善脑血流的运行状态，使大脑有充足的氧气供应，还可以预防感冒；银杏的味道可以预防心脑血管疾病，有助于中老年人维持正常的心脏输出量以及正常的神经系统功能；玉兰花的香味可以使人放松、减轻疲劳。保健型植物群落可供参考的模式有银杏＋含笑＋桂花、广玉兰＋无患子＋日本樱花＋沿阶草等。

8.2.5　安静休息区

安静休息区主要供游人安静休息、学习、交往或开展其他一些较为安静的活动，如漫步、聊天、下棋等，因而也是公园中占地面积最大、游人密度最小的区域。该区一般选择地形起伏比较大、景色较为优美的地段，如山地、谷地、溪边、河边、湖边等，并且要求树木茂盛、绿草如茵。若场地有较好的原始植被景观，需予以保留并合理利用，一般只做轻度的景观梳理，透出原始植被风景线即可（见图8-6）。

图　8-6

该区在植物配置上应根据地形的高低起伏和天际线的变化，采用自然式种植类型，形成树丛、树群和树林。可以选择当地生长健壮的几种乡土树种作为骨干，突出周围环境的季相变化特色。在林间空地中可设置草坪、亭、廊、花架、坐凳等，在路边或转弯处可布置月季园、牡丹园、杜鹃园等专类植物花园，增强休憩观赏的视觉效果。

8.2.6　体育活动区

体育活动区地势一般比较平坦，应选择生长较快、高大挺拔、冠大而整齐的树种，以利夏季遮阳，但不宜选择那些易落花、落果、落毛的树种。在运动场内，应尽量用草坪覆盖，有条件的地方可以把运动场设于大面积草坪中。球场类场地四周的绿化要离场地5～6m，树种的色调要求尽量单纯，以便形成绿色的背景。不要选用树叶反光发亮的树种，以免刺激运动员的眼睛。在游泳池附近可设置花廊、花架，不可种植带刺或夏季落花落果的花木，日光浴场周围应铺设草坪。体育活动场地的植物品种选择应注意以下几点。

（1）注意四季景观，特别是人们使用室外活动场地较长的季节。

（2）树种大小的选择应与运动场地的尺度相协调。

（3）植物的种植应考虑人们夏季遮阴、冬季暖阳的需求。在人们需要阳光的季节，活动区域内不应有过多常绿树的阴影。

（4）树种选择应以本地区观赏效果较好的乡土树种为主，便于管理。

（5）树种应无落果和飞絮，落叶整齐，易于清扫。

（6）露天比赛场地的观众视线范围内，不应有妨碍视线的植物，观众席铺栽草坪应选用耐践踏的品种。

8.2.7　儿童活动区

儿童活动区的植物造景应注意保护儿童的安全，同时激发儿童的天性。儿童活动区周围一般用紧密的林带、绿篱、树墙等形式与其他区域分开，游乐设施附近应有高大的庭荫树提供良好的遮阴，也可以把游乐设施分散在疏林之中，形成林下乐园。儿童活动区的植物布置最好能体现出童话色彩，可以配置一些童话中的动物或人物雕像、茅草屋、石洞等。利用色彩进行景观营造是国内外儿童活动区内常用的造景方法，如可用灰白色的多浆植物配植于鹅卵石旁，产生新奇的对比效果，多采用色彩丰富的植物品种。可选用生长健壮、冠大荫浓的乔木来绿化，忌用有刺、有毒或有刺激性反应的植物；在树种选择和配置上应注意以下问题。

（1）忌用有毒植物，包括花、叶、果有毒的植物。

（2）忌用散发难闻气味的植物，如凌霄、夹竹桃等。

（3）忌用有刺易刺伤儿童皮肤和刺破儿童衣服的植物，如枸骨、刺槐、蔷薇等。

（4）忌用有过多飞絮的植物，易引起儿童患呼吸道疾病，如杨、柳、悬铃木等。

（5）忌用易招致病虫害及浆果的植物，如乌桐、柿树等。

（6）应选用叶、花、果形状奇特、色彩新鲜、能引起儿童兴趣的树木，如向日葵、波斯菊、彩叶草、乌桕、马褂木、扶桑、白玉兰、竹类等。

（7）乔木宜选用高大荫浓的树种，分枝点不宜低于1.8m。灌木宜选用萌发力强、直立生长的中、高型树种，这些树种生存能力强、占地面积小，不会影响儿童的游戏活动。

───❦ 学 习 笔 记 ❧───

评 价 反 馈

评价反馈包括三部分，学生自评、学生互评和教师评价。学生自评主要包括能否完成本项目理论知识的掌握、能否根据引导子任务逐步完成布置的任务（见表 8-1）。

表 8-1 任务评价表

班级：　　　　　　　　　姓名：　　　　　　　　　学号：

工作任务：赏析经典公园植物造景设计优秀案例

评价项目	评价标准	分值	得分
完成度	能基本完成本次鉴赏任务	20	
精细度	鉴赏图文并茂，各功能区植物造景图绘制精细	20	
设计美感	经典植物造景节点图有美感	20	
表达呈现	鉴赏报告的表达效果	10	
工作态度	态度端正、工匠精神	10	
职业素质	严谨细致、符合标准	10	
沟通合作	沟通合作顺畅	10	
合　　计		100	

综合评价	学生自评（20%）	学生互评（30%）	教师评价（50%）	综合得分

项目  道路绿地植物造景

学习目标

1. 掌握道路绿地植物造景的原则与方法。
2. 能深入鉴赏并模仿优秀的道路绿地植物造景案例。
3. 能进行分车带、人行道、交通环岛的道路植物造景。

任务布置

选择所在城市未经绿化设计的某段道路,进行道路绿地的植物造景设计,要求按照道路绿化设计的相关标准与规范,绘制出道路植物设计平面图、立面图、效果图,并绘制出植物施工图、统计苗木表,最后将设计成果进行小组讨论、展示与汇报。

任务实施

引导子任务 1：查找并罗列道路绿地设计标准与规范中与植物造景有关的规定。

_____

_____

_____

引导子任务 2：选择所在城市中未经设计的某段道路，搜集相关资料，进行线下调研。

_____

_____

_____

引导子任务 3：拍摄现场照片，整理前期资料，绘制该场地基底底图。

_____

_____

_____

引导子任务 4：为该道路绿地设计植物，绘制植物设计平面图、效果图等。

_____

_____

_____

引导子任务 5：绘制该场地植物种植施工图，统计苗木表。

_____

_____

_____

引导子任务 6：整理全套成果，并进行展示、汇报、小组讨论。

_____

_____

_____

知识解读

9.1 城市道路植物造景的原则

城市道路是整个城市的骨架，而城市道路绿化则直接反映了一个城市的精神面貌和文明程度，一定意义上体现了一个城市的政治、经济、文化总体水平。

自古以来，我国就重视道路的植物造景设计，唐代京都长安用榆、槐作行道树，北宋东京街道旁则种植了桃、李、杏、梨等树木。西欧各国则常用欧洲山毛榉、欧洲七叶树、椴、榆、桦木、意大利丝柏、欧洲紫杉等作为行道树。

城市道路的植物造景应统筹考虑道路的功能、性质、行车要求、景观空间构成、与市政公用及其他设施的关系等。在选择植物品种时，既要考虑植物本身对环境的要求，如对光照、温度、空气、风、土壤及水分等环境因子的要求，又要考虑城市地上建筑物、地下管线、人流、交通等非自然因素。城市道路植物造景的原则主要包括以下几点。

9.1.1 保障行车、行人安全

道路植物造景，首先要遵循安全的原则，保证行车与行人的安全。主要注意点包括行车实现要求、行车净空要求及行车放眩要求等。

机动车辆行驶时，驾驶人员必须能望见道路上相当的距离，以便有充足的时间或距离采取适当措施，防止交通事故发生，这一保证交通安全的最短距离称为行车视距。

停车视距是指机动车辆在行进过程中，突然遇到前方路上行人或坑洞等障碍物，不能绕越且需要及时在障碍物前停车时需要的最短距离。

道路中的交叉口、弯道、分车带等植物造景对行车的安全影响最大，这些路段的园林植物景观要符合行车视线的要求。如在交叉口设计植物景观时应留出足够的透视线，以免相向往来的车辆碰撞，弯道处要种植提示性植物，起到引导作用等。

当有人行横道从分车带穿过时，在车辆行驶方向到人行横道间要留出足够的停车视距的安全距离。此段分车绿带的植物种植高度应低于 0.75m。

当纵横两条道路呈平面交叉时，两个方向的停车视距构成一个三角形，称为视距三角形。进行植物景观设计时，视距三角形内的植物高度也应低于 0.75m，以保证视线通透。

道路转弯处内侧的树木或其他障碍物可能会遮挡司机的视线，影响行车安全。因此，为保证行车视距要求，道路植物景观必须配合视距要求进行设计。

各种道路设计已根据车辆行驶宽度和高度的要求，规定了车辆运行的空间，在进行植物造景时，各种植物的枝干、树冠和根系都不能侵入该空间内，以保证行车净空的要求。

在中央分车带上种植绿篱或者灌木球，可防止相向行驶车辆的灯光照到对方驾驶员的眼睛而引起其目眩，从而避免或减少交通意外。如果种植绿篱，应参照司机的眼睛与汽车前照灯高度，绿篱高度应比司机眼睛与车灯高度的平均值高，故一般采用 1.5～2m。如果种植灌木球，种植株距应不大于冠幅的 5 倍。

9.1.2　植物景观与道路设施不相冲突

现代化城市中，各种架空线路和地下管网越来越多，这些管网一般沿城市道路铺设，因而容易与道路植物景观产生矛盾。因此进行道路植物造景时，应详细规划、合理安排、作出避让。

一般而言，在分车绿带和行道树上方不宜设置架空线，以免影响植物生长，从而影响植物景观效果。如必须设置架空线，应保证架空线下有不小于 9m 的树木生长空间，架空线下配置的乔木应选择开放型树冠或耐修剪的树种，树木与架空电力线路的最小垂直距离应符合相关规定。新建道路或经改建后达到规划红线宽度的道路，其绿化树木与地下管线外缘的最小水平距离宜符合相关规定，此外，进行道路植物造景还要充分考虑其他要素，如路灯灯柱、消防栓等公共设施。

9.1.3　道路植物应有较强的适应性与抗性

城市道路的环境条件一般比较差，如土壤干燥板结、地面的强烈辐射、建筑物的投影、空中电线电缆的障碍、地下管线的影响等。因此行道树首先应当能够适应城市道路这个特殊的环境，对恶劣环境、不良因子有较强的抗性。要选择那些耐干旱贫瘠、抗污染、耐损伤、抗病虫害、根系较深、干皮不怕阳光曝晒、对各种灾害性气候有较强抵御能力的植物品种。一般优先选择乡土树种，也可选用已经长期适应当地气候和环境的外来树种。

（1）道路植物不能影响人体的身心健康。道路植物造景应考虑有助于人的身心健康，植物选择要求花果无毒、无臭味、落果少、无飞毛，不妨碍行人和车辆行驶，如杨树、柳树、悬铃木等属易产生飞毛的品种，要慎用。另外，行道树应该选择不易倒伏的品种，以防止大风大雨天气倒伏后砸伤行人。

（2）道路植物应方便后期养护与管理。道路绿化的养护和管理比较麻烦，植物选择应本着不污染环境、耐修剪、基部不易发生萌蘖、落叶期短而集中、大苗移植易于成活、病虫害少等原则。

（3）近期与远期相结合。道路植物景观从建设开始到形成较好的景观效果往往需要十几年时间，因此需要统筹考虑近期与远期效果，近期内可以使用生长较快的树种，或将植物适当密植，在后期则应适时更换、移栽，给植物留有充足的生长空间。

9.2　行道树绿带植物造景

常见的城市道路绿地类型主要包括人行道绿地、分车带绿地和交通环岛绿地。

人行道绿带是指从车行道边缘至建筑红线之间的绿地，包括人行道和车行道之间的隔离绿地（行道树绿带）及人行道与建筑之间的缓冲绿地（路侧绿带或基础绿地）。人行道绿带既起到分隔人行道与车行道的作用，也为行人提供安静、优美、遮阴的环境。人行道绿带因宽度不同其植物配置各异（见图 9-1）。

图　9-1

行道树绿带布设在人行道与车行道之间，其主要功能是为行人和非机动车提供庇荫。一般以种植行道树为主，是城市道路植物景观的基本形式。绿带较宽时，可采用乔木、灌木、地被植物相结合的配置方式，提供防护功能，提升生态效益，加强景观效果。若行道树绿带宽度较窄，则不宜配置高大乔木，应减少植物配置的层次，保证植物的生长空间。

行道树的种植方式主要有树带式和树池式两种。树带式是在人行道和车行道之间留出一条不加铺装的种植带，宽度一般不小于 1.5m，可种植一行乔木，乔木下层配以绿篱，若宽度足够，可种植多行乔木，并与花灌木、宿根花卉与地被相结合，打造多层复合式植物景观，起到分隔与美化的作用（见图9-2）。

图 9-2

树池式行道树适合设置在交通量大、行人较多而人行道较为狭窄的地段。树池以正方形为宜，边长一般不小于1.5m；若为长方形，边长以（1.2~1.5）m×（2.0~2.2）m为宜；若为圆形，其直径不宜小于1.5m。行道树宜栽植于树池的几何中心，为了防止被行人踩踏，可使树池边缘高于人行道8~10cm。

如果树池稍低于路面，应在上面加置镂空的池盖，与路面同高，这样可使雨水渗入树池内。池盖可用木条、金属或钢筋混凝土制造，由两扇合成，以便在松土和清理杂物时取出。

在行道树的树种配置方式上，常采用的方式有单一乔木列植、不同树种间植。其中单一乔木的配置是一种较为传统的形式，多配置树池式行道树，树池之间为地面硬质铺装。在同一街道采用同一树种、同一株距布置可以使得街景整齐雄伟而有秩序性，体现出庄重、严肃、整体的美感。行道树要有一定的枝下高度，根据分枝角度不同，枝下高度一般应在2.5m以上，以保证车辆、行人安全通行。行道树株距大小要考虑交通、树种特性、苗木规格等因素，同时不妨碍两侧建筑内的采光，一般不宜小于 4m，如采用高大乔木，则株距应为 6～8m，以保证必要的营养面积，使树木正常生长，同时也便于消防、急救、抢险等车辆在必要时穿行。树干中心至路缘石外侧不得小于 0.75m，以利于行道树的栽植和养护。

9.3　路侧绿带植物造景

路侧绿带是道路绿地的重要组成部分，因其宽度较宽，面积较大，在人行道绿带中一般占有较大比例。路侧绿带常见有以下三种情况。

（1）建筑物与道路红线重合，路侧绿带毗邻建筑布设，成为建筑物的基础绿带。道路红线与建筑线重合的路侧绿带在种植设计时，一般在建筑物或围墙的前面种植草皮、花卉、绿篱及灌木丛等，主要起美化装饰和隔离作用，行人一般不能入内。设计时注意建筑物做散水坡，以利排水。植物种植不要影响建筑物通风和采光。树种选择时应注意与建筑物的形式、颜色和墙面的质地等相协调。建筑立面颜色较深时，可适当布置花坛，取得鲜明对比。在建筑物拐角处，可以选择枝条柔软、形态自然的树种来缓冲建筑物生硬的线条。一般朝北高层建筑物前的局部小气候条件恶劣，可考虑用攀缘植物来装饰。

（2）建筑退让红线后留出人行道，路侧绿带位于两条人行道之间。建筑退让红线后留出人行道的路侧绿带，大多位于两条人行道之间，其植物造景设计视绿带宽度和沿街的建筑物性质而定。一般街道或遮阴要求较高的道路，可简易地种植两行乔木。而景观街道或重要的商业街道则应着重考虑植物的观赏效果，可选择种植矮小的常绿树、花灌木、绿篱、花卉、草坪等，或将路侧绿带设计成景观效果突出的花坛群、花境等。

（3）建筑退让红线后在道路红线外侧留出绿地，路侧绿带与建筑红线外侧绿地结合。建筑退让红线后，在道路红线外侧留出绿地，则路侧绿带与道路红线外侧绿地结合。这样的形式使绿带的宽度明显增加，造景形式也更为丰富，一般宽达 8m 就可设为开放式绿地，如街头小游园、花园林荫道等。植物配置可以考虑乔木、灌木、地被组合的多层复合组团，提升整体绿地的景观效果与生态效益。

9.4　分车绿带植物造景

分车带是车行道之间的隔离带，包括中央分车带和两侧分车带，起着疏导交通、安全隔离的作用，目的是将人流与车流分开、机动车与非机动车分开，保证不同速度的车辆能全速前进、安全行驶。城市道路中所说的两板、三板等道路形式就是用分车带来划分的。

分车带的宽度差别很大，窄的仅有 1m，宽的可达 10m。常见的分车带宽度为 2.5～8m，大于 8m 宽的分车绿带可作为林荫路设计。

被人行道或道路出入口断开的分车绿带，其端部应采取通透式栽植，即绿地上配置的树木，在距相邻机动车道路面高度 0.9～3m 的范围内，其树冠不能遮挡驾驶员视线的配置方式。采用通透式栽植是为了穿越道路的行人容易看到过往车辆，以利行人、车辆安全。当人行横道线通过分车带时，分车带上不宜种植绿篱或花灌木，但可种植低矮花卉或草坪，以免影响行人和驾驶员的视线。公共汽车或无轨电车等车辆的停靠站设在分车绿带上时，绿带应尽量种植冠幅较大的乔木为乘客提供遮阴。

分车绿带的植物配置形式应简洁，树形整齐、排列一致，易于驾驶员辨别穿过行道树的行人，从而有利于行车安全。为了给植物留有自然生长的空间，分车绿带上种植乔木时，其树干中心至机动车道路缘石外侧距离不能小于 0.75m。

9.4.1　中央分车带植物造景

中央分车带的植物造景应能阻挡相向行驶车辆的眩光。在距相邻机动车道路面高度 0.6～1.5m 的范围内种植灌木、灌木球、绿篱等枝叶茂密的常绿树能有效阻挡夜间相向行驶车辆前照灯的眩光，其株距应小于冠幅的 5 倍。

中央分车带的种植形式有绿篱式、整形式、图案式这几种。绿篱式是将绿带内密植常绿树，经整形修剪使其保持一定的高度和形状。整形式是将树木按固定的间隔排列，单株等距或片状种植，保持整齐划一的美感。图案式则是将树木或绿篱修剪成几何图案，整齐美观，同时其养护要求也较高。

实际上，目前我国的中央分车绿带以乔木种植居多，因为我国城市中机动车车速不高，树木对驾驶员的视觉影响较小，而且我国大部分地区夏季炎热，需考虑遮阴。

9.4.2　两侧分车绿带植物造景

两侧分车绿带距交通污染源最近，其绿化所起的滤减烟尘、减弱噪声的效果较好，并能对非机动车有庇护作用，因此，应尽量采取复层混交配置，扩大绿量，提高生态防护功能。两侧分车绿带常用的植物配置方式如下。

（1）分车绿带宽度小于 1.5m，绿带只能种植灌木、地被植物或草坪。

（2）分车绿带宽度在 1.5～2.5m，以种植乔木为主。也可在两株乔木间种植花灌木，增加色彩，或者种植常绿灌木以改变冬季道路景观。

（3）绿带宽度大于 2.5m，可采取复合式植物搭配，将落叶乔木、常绿树、灌木、绿篱、草坪和花卉组合搭配，形成层次丰富的植物组团。

9.5　交通环岛的植物造景

交通环岛在城市道路中主要起疏导交通的作用，是为了回车、控制车流行驶路线、约束车道、限制车速而设置的岛屿状场地。

交通岛绿地分为中心岛绿地、安全岛绿地和导向岛绿地。通过对交通岛绿地进行合理的植物配置，可强化交通岛外缘的线形，有利于诱导驾驶员的行车视线，特别是在雪天、雾天、雨天，可弥补交通标志的不足。

中心岛是设置在交叉口中央，用来组织左转弯车辆交通和分隔对向车流的交通岛，俗称转盘。中心岛一般多用圆形，也有椭圆形、卵形、圆角方形和菱形等。常规中心岛直径在25m以上，目前我国大中城市所采用的圆形交通岛，一般直径为40~60m。为使驾驶员准确、快速识别路口，一般不种植高大乔木，忌用常绿乔木或大灌木，以免影响视线，也不布置成供行人休息用的小游园或过于吸引人的华丽的花坛，以免分散司机的注意力。通常以草坪、花坛为主，或以低矮的常绿灌木组成简单的图案花坛，外围栽种修剪整齐、高度适宜的绿篱。

安全岛是为了方便行人躲避车流而在道路中央设置的稍作停留的场地。除行人停留的地方需要留出铺装外，安全岛绿地的植物配置可种植草坪为主，或结合其他地形进行种植设计。

导向岛是用以指引行车方向、约束车道、使车辆减速转弯、保证行车安全的岛状场地。导向岛植物景观布置常以草坪、花坛或地被植物为主，植物高度不可遮挡驾驶员视线。

交叉口绿地包括平面交叉口绿地和立体交叉绿地。平面交叉口绿地的植物配置需注意"视距三角形"，在此三角形内不能有建筑物、构筑物、树木等遮挡司机视线的地面物。在布置植物时其高度不得超过0.7m，或者在视距三角形内不布置任何植物。

立体交叉是指两条道路不在一个平面上的交叉。立体交叉绿地包括绿岛和立体交叉外围绿地。为了适应驾驶员和乘客的瞬间观景的视觉要求，宜采用大片色块式的植物配置，布置力求简洁明快，与立交桥宏伟气势相协调。

匝道附近的绿地，由于上下行高差造成坡面，可通过修筑挡土墙使匝道绿地保持一个平面，便于植物种植和养护，也可在匝道绿地上修筑台阶形植物带。在匝道两侧绿地的角部，适当种植一些低矮的树丛、灌木球及少量小乔木，可以增强出入口的导向性。

绿岛是立体交叉中分隔出来的面积较大的绿地。多设计成开阔的草坪，草坪上点缀一些观赏价值较高的孤植树、树丛、花灌木等形成疏朗开阔的植物景观，或用地被植物、低矮的常绿灌木等组成图案。一般不种植大量乔木或高篱，否则容易产生压抑感。桥下宜选择耐荫的地被植物，墙面则进行垂直绿化。

9.6 景观园路植物造景

除了城市道路植物造景，风景区、公园、植物园中也有各种层级的道路，道路的面积占有相当大的比例，约占总面积的 12%～20%，且遍及各处。道路除了集散、组织交通外，也有导览作用，精心设计的园路本身也是优美的景观。

9.6.1 园路主路的植物造景

主路是沟通各活动区的主要道路，游人量较大，一般设计成环路，宽 3～6m。园林主路的植物造景要特别注意树种的选择，使之符合园路的功能要求，同时考虑景观的效果。

平坦笔直的园路主路两旁建议采用规则式配置，由整齐的行道树构成一点透视强调气氛，植物造景上多采用同一树种，最好植以观花乔木，并以花灌木做下木，丰富园内色彩。主路前方有漂亮的建筑作对景时，两旁植物可适当密植，使道路成为一条甬道以突出建筑主景。

蜿蜒曲折的园路主路则适合自然式的植物配置，不宜成行成列，也不可只种植一个树种，否则会显得单调，不易形成丰富多彩的路景。沿路的植物景观在视觉上应有敞有挡，有疏有密，有高有低，形成复层混交的人工群落，富有山野气息和自然之趣（见图 9-3）。

图 9-3

路边无论远近，若有景可赏，则在配置植物时应留出透视线，并植上草坪，引导游人走去欣赏。地被植物的应用不容忽视，可根据环境的不同，种植耐荫或喜光的一二年生植物、多年生宿根植物、多年生球根植物或藤本植物。

9.6.2　园路支路的植物造景

支路是园中各个景观分区内的主要道路，一般宽 2～3m。支路多随地形、景点设置蜿蜒曲折，支路的植物造景形式灵活多样，植物品种的选择可以根据各景观分区的主题进行配置，呈现出多样性与丰富性。

9.6.3　园路小径的植物造景

小径是园林中的小支脉，虽长短不一，但大多数为羊肠小道，宽度一般在 1～1.5m，它随功能用途、所处地形及周边环境的不同而不同，其植物造景的作用主要在于加强游览功能与审美效果。园路小径的形式主要有山林野趣小径、花径、竹径等（见图 9-4）。

图　9-4

1. 山林野趣小径

山林野趣小径多位于人流少、没有喧哗的地方，特别是在自然风景区中，林中穿路是最为常见且极具山林野趣的道路形式。在山地或平地树丛中的园路，可加强其自然静谧的气氛，在植物景观设计上要选用树姿自然、体形高大的树种，切忌采用整形的树种，布置要自然，树种不宜太多。无论是自然山道或人工园路，通过植物景观设计，使之有山林之趣，应注意以下几个方面。

（1）路旁树木要有一定的高度，以便有高耸之感。路宽与树高之比在 1∶10～1∶6，效果比较显著。树种宜选用高大挺拔的乔木，树下覆以低矮的地被植物，少用灌木，以免降低高峡对比的"山林"效果。

（2）树木要冠大荫浓。植物种植应当茂密，使道路具有一定的郁闭度，光线要暗一些，以产生如入山林之感，周围树木要有一定的厚度，使人感受到"林中穿路"的氛围。

（3）道路要有一定的坡度。一般坡度不大，只要加强其他处理，如降低路面，坡上种植高大的树木，利用方向的转换，增加上下层相互透视的景深等，也可以创造出山林的效果。

（4）注意利用周围自然山林的气氛。植物造景要尽量结合周边自然山谷、溪流、岩石等。

2. 花径

花径则是在一定道路空间中，以花的姿态和色彩创造浓郁的自然氛围，给游人以艺术的享受，特别是盛花时期，这种感染力更为强烈。形成花径的植物品种要选择开花丰满、花形美丽、花色鲜明、有香味、花期较长的植物，花径中植物株距要小，采用花灌木时，既要密植，又要有背景树。例如，河南农业大学校园的樱花花径盛开时充满了诗情画意，北京颐和园的连翘花径则自成一景。

3. 竹径

竹径是中国园林中极为常见的造景手法。竹径的营造要注意园路的宽度、曲度、长度和竹的高度。过宽、过于平直或短距离的竹径都不能使人产生"曲径通幽"的感觉，而过长的竹径则会给人以单调感。两旁竹子的高度应与园路的宽度、长度相协调。杭州西湖小瀛洲的竹径通幽是古典园林中竹径的典范之作。竹径通幽位于三潭印月的东北部，入口是风格别致的隔墙漏窗，月洞门上匾额书"竹径通幽"。竹径两旁近水，长约50m，宽1.5m。竹种以刚竹为主，高度2.5m左右，游人漫步小径，感觉清静幽闭，看不到堤外水面。沿小径两侧是十大功劳绿篱，沿阶草镶边，刚竹林外围配置了乌桕和重阳木，形成富有季相变化的人工群落。竹径在平面处理上采取了三种曲度，两端曲度大，中间曲度小，站在一端看不到另一端，使人感到含蓄深邃。竹径的尽头是一片开旷的草坪，营造出奥旷交替的园林审美空间。

学习笔记

评 价 反 馈

评价反馈包括三部分，学生自评、学生互评和教师评价。学生自评主要包括能否完成本项目理论知识的掌握、能否根据引导子任务逐步完成布置的任务（见表 9-1）。

表 9-1 任务评价表

班级：   姓名：   学号：

工作任务：赏析模仿经典道路植物造景设计优秀案例

评价项目	评 价 标 准	分值	得分
完成度	能基本完成本次鉴赏任务	20	
精细度	赏析图文并茂，各道路分区植物造景绘制精细	20	
设计美感	经典植物造景节点图有美感	20	
表达呈现	模仿设计的表达效果	10	
工作态度	态度端正、工匠精神	10	
职业素质	严谨细致、符合标准	10	
沟通合作	沟通合作顺畅	10	
合　　计		100	

综合评价	学生自评 （20%）	学生互评 （30%）	教师评价 （50%）	综合得分

项目 *10* 居住区绿地植物造景

学习目标

1. 掌握居住区绿地植物造景的原则与要求。
2. 能深入鉴赏并模仿居住区绿地植物造景案例。
3. 能进行居住区绿地的植物造景与设计。

任务布置

　　深入鉴赏某优秀的居住区植物造景设计案例，模仿案例中居住区各类绿化空间的植物配置形式。选择所在城市的某居住区，进行植物造景与设计，完成该居住区公共绿地、宅旁绿地、配套设施用地、道路用地、临街绿地等场地的植物配置，要求绘制植物造景的平面图、立面图、效果图，并进行植物种植施工图的绘制，统计植物苗木表。

任务实施

引导子任务 1：查找并罗列出居住区绿地标准与规范中与植物造景有关的规定。

_____

_____

引导子任务 2：线上查找并分享优秀的居住区植物造景案例及相关资料。

_____

_____

引导子任务 3：自主绘图并模仿优秀案例的做法。

_____

_____

引导子任务 4：选择所在城市的某居住区，进行植物造景设计的前期调研与分析。

_____

_____

引导子任务 5：为该居住区进行植物造景与设计，完成该居住区公共绿地、宅旁绿地、配套设施用地、道路用地、临街绿地等场地的植物配置，要求绘制植物造景的平面图、立面图、效果图。

_____

_____

引导子任务 6：为该居住区绘制植物种植施工图，统计植物苗木表。

_____

_____

引导子任务 7：将成果进行小组展示、分享与交流。

_____

_____

_____

知识解读

10.1 居住区植物造景设计的原则

居住区绿地的景观效果主要靠植物来实现，植物材料既是中心构筑的衬景，也是重要的观赏景点，植物的千姿百态与丰富的色彩变化，使没有生命的住宅建筑富有浓厚、亲切的生命气息。只有对居住区植物进行正确选择和合理配置，才能创造出舒适优美的居住区环境。居住区的植物配置原则包括以下几点。

10.1.1 生态原则，适地适树

居住区植物造景必须根据其内外的环境场地条件，结合景观规划、防护功能等因素，按照适地适树的原则，选择符合当地生态条件的植物进行栽植，强调植物分布的地域性，考虑植物景观的稳定性。植物种类在一定的基调上应力求变化。

植物景观应充分利用原有的自然地形和现状条件，对原有的树木，特别是古树名木、珍稀植物应加以保护和利用，并规划到植物景观设计中，既可以节约建设资金，又可以早日形成景观效果。

10.1.2 艺术原则，季相丰富

植物配置应体现三季有花、四季有景，适当配置和点缀时令花卉，创造出丰富的季相变换。在种植设计中，以植物叶、花、果实、枝条和干皮等显示的姿态与色彩在一年四季中的变化为依据来布置植物。

10.1.3 人性设计，满足功能

居住区植物景观不能仅仅停留在为建筑增加一点绿色的点缀作用，而是应从植物景观与建筑的关系上去优化绿化与居住者的关系，尤其在绿化与采光、通风、防西晒以及阻挡西北风侵入等方面为居民创造更具人性化的舒适的室外空间。

从使用方面考虑，居住区的植物配置应该满足居民的休息、遮阴和地面活动等多方面的要求。应选择无毒、无污染物、少落果、少飞絮的植物，以保持居住区内的清洁卫生和居民安全。其次在行道树及庭院休息活动区，宜选用遮阴效果好的落叶乔木，以遮挡住宅西晒。

10.1.4 经济原则

居住区植物景观可以将植物的观赏功能和生产功能完美结合起来，如葡萄、金银花、

五味子、红花菜豆、苦瓜、丝瓜等不但是优良的棚架或篱垣材料，同时也是果树、药用植物或蔬菜。其他如杨梅、荔枝、橄榄、樱桃、石榴、柿树等果树都是居住区适宜的植物品种。

在 2018 年更新的城市居住区规划设计标准中，居住区内绿地的建设及其植物设计应遵循适用、美观、经济、安全的原则，并应符合下列规定。

（1）宜保留并利用已有的树木和水体。

（2）应种植适宜当地气候和土壤条件且对居民无害的植物。

（3）应采用乔、灌、草相结合的复层绿化方式。

（4）应充分考虑场地及住宅建筑冬季日照和夏季遮阴的需求。

（5）可采用立体绿化与植物配置的方式丰富景观层次、增加环境绿量。

（6）有活动设施的绿地应符合无障碍设计要求并与居住区的无障碍系统相衔接。

（7）绿地应结合场地雨水排放进行设计，并宜采用雨水花园、下凹式绿地、景观水体、干塘、树池、植草沟等具备调蓄雨水功能的绿化方式。

10.2　居住区公共绿地植物造景

居住区公共绿地是居民共同使用的绿地，包括居住区公园、居住区中心游园、居住生活单元组团绿地及儿童游戏场和其他块状、带状公共绿地等。它们的服务对象是小区居民，其绿地质量水平集中反映了小区的绿化水平，因此一般要求有较高的设计水平和一定的艺术效果，是居住区绿化的重点。

10.2.1　居住区公园植物造景

与城市公园相比，居住区公共绿地的游人成分单一，即整个居住区的所有居民，在功能上居住区公园与城市公园不完全相同，它既是城市绿化空间的延续，又是最接近居民的生活环境。因此在规划设计上有与城市公园不同的特点，不宜照搬或模仿城市公园，也不是公园的缩小或公园的一角。居住区公园应适合居民的休息、交往、娱乐等，有利于居民心理、生理的健康（见图 10-1）。

居住区公园的服务对象主要是儿童和老年人，因此在规划植物配置时，应多选用夏季遮阴效果好的落叶大乔木，并结合活动设施布置疏林地。常绿绿篱可以分隔空间和绿地外围，成行种植的大乔木可以减弱喧闹声对周围住户的影响。观赏树种应避免选择带刺、有毒、有异味的树木，以落叶乔木为主，配以少量的观赏花木、草坪和草花等。在大树下设置石凳、桌椅和儿童活动设施，便于老人休息或看管孩子游戏。在体育运动场

图 10-1

地外围，种植冠幅较大、生长健壮的大乔木，为运动者休息时遮阴。

自然开畅的中心绿地，既是居住区公园中面积较大的集中绿地，也是整个小区视线的焦点，为了在密集的楼宇间营造出一块视觉开阔的构图空间，植物景观配置上应注意平面轮廓线要与建筑相协调，适宜以乔、灌木群植于边缘隔离带，绿地中间配以大片的地被植物和草坪，在地被植物和草坪上点缀树形优美的孤植乔木、丛植灌木或色叶小乔木，形成富有特色的疏林草地等视线开阔的交往空间。人们漫步在中心绿地里有一种投入自然怀抱、远离城市的感受。

在居住区公园的体育运动场地内，可种植冠幅较大、生长健壮的大乔木，为运动者休息时遮阴。居住区公园布置紧凑，各功能分区或景区间的节奏变化快，因而在植物选择上也应及时转换，符合功能或景区的要求。

居住区中心游园则面积相对较小，功能简单，为居住小区内居民就近使用，为居民提供茶余饭后活动休息的场所。一般在小区一侧沿街布置以形成防护隔离带，美化街景，方便居民及游人休息，同时可减少道路上的噪声及尘土的影响。当小游园贯穿小区时，居民前往的路程大为缩短，如绿色长廊一样形成一条景观带，使整个小区的风景更为丰满。

由于居民利用率高，因而在植物配置上要求精心、细致、耐用。考虑四季景观，如要体现春景，可种植垂柳、玉兰、迎春、连翘、海棠、樱花、碧桃等。为了体现夏景，则宜选悬铃木、栾树、合欢、木槿、石榴、凌霄、蜀葵等，炎炎夏日，绿树成荫，繁花似锦。

10.2.2　居住区组团植物造景

居住区组团绿地以住宅组团内的居民为主要服务对象，一般都设置有老人和幼儿的活动场所。组团绿地一般面积较小且零碎，因靠近住宅，其游人量比较大，利用率高。一方面，植物配置可以考虑有益人们身心健康的保健植物、有益消除疲劳的香味植物等；另一方面，植物配置应尽量创造良好的生态效益、为人们提供优美的自然环境。植物的构成应尽量考虑乔、灌、草等多层次、多种类、多组合、多变化的植物群落（见图 10-2）。

图　10-2

开放式组团绿地一般会精心安排不同年龄层次居民的活动空间，为了避免相互干扰，应在各个活动空间之间种植植物以起到分隔作用。还应根据组团规模、大小、形式、特征合理布置绿地空间，种植不同的花草树木，强化组团特征。开放式组团绿地不宜建许多园林建筑小品，应该以花草树木为主，适当设置一件硬件设施。另外，小区的文化内涵是丰富小区生活、创造居住区活力的重要因素。因此，在组团植物造景时，应尽量渗透文化因素，形成有独特文化内涵的植物景观。

封闭式住宅组团绿地一般被绿篱、栏杆所隔离，植物配置主要以草坪、模纹花坛为主，不设活动场地，具有一定的观赏性，但使用效果较差，居民不希望过多采用这种形式。半封闭式绿地以绿篱或栏杆与周围有分隔，但留有若干出入口，居民可出入于内，为了有较高的覆盖率，并保证活动场地的面积，可采用铺装地面上留穴的方法种植乔木。应充分利用地面空间尽可能多地种植植物，也可利用棚架种植藤本植物，如木香、紫藤、葡萄等，或利用水池种植水生植物，如睡莲、浮萍、再力花等。但植物造景应避免过于靠近住宅，以防导致低层住宅阴暗潮湿等负面结果。

对于居住区的孩子们来说，植物本身就是可供游戏、值得学习的良好素材。在选择植物品种时，应考虑结合儿童的行为尺度，利用植物创造可供攀爬、游戏的活动空间，并设置跌落区或铺设缓冲地面以确保活动的安全性。

10.3　居住区宅旁绿地植物造景

居住区宅旁绿地主要包括居住区宅前、宅后、宅间及建筑本身的绿化用地，绿地贴近居民。在居住小区总用地中，宅旁绿地所占面积大、分布广、使用率高。其绿地面积约占总绿地面积的35%左右，通常比小区公共绿地面积要大。宅旁的植物造景应注意为居民的户外活动创造良好的条件和优美的环境，同时它的植物配置直接关系到室内的安宁、卫生、通风、采光，关系到居民的视觉、嗅觉感受。

为保持居住环境的安静，可种植绿篱植物分隔庭院，以起到降低噪声、降尘、挡风等作用，绿篱的高度与宽度应按功能需求确定。宅旁绿地由于周围建筑物密集，遮阳背阴部位较多，应考虑选择耐阴植物为主。

宅旁绿地的植物造景要注意庭院的空间尺度，选择适合相应尺度的植物品种，植物的形态、大小、高度、色彩、季相变化与庭院的大小、建筑的层次应相称，使植物与建筑互相映衬，形成完整的绿化空间。根据我国的居住水平与居民生活习惯，低层住宅小院分隔与组织要考虑居民堆放杂物的需要，用围墙或绿篱分隔小院，以植物作障景起到遮丑的作用。在居室外种植乔木时，一般要与地下管线的铺设结合设计，地下管线尽量避免横穿庭院绿地，与绿化树种之间留有最小水平净距离。乔木与住宅外墙的净距离应在8m以上。因数年后树木长大会影响室内采光、通风，树木的病虫害还会影响室内卫生。所以在建筑窗前不宜种植常绿乔木，而以落叶树木为好，且应与窗户保持足够的距离。

再者宅旁绿化是自然环境与居民紧密联系的重要部分，因此进行植物配置时，要注意室内外绿化相结合，使居民充分享受大自然的景色。植物配置一般以孤植或丛植的方式形成人工自然树群，除绿篱外一般不采用规则式种植，使植物群保持自然体态。绿化布置要注意尺度感，以免由于树种选择不当而造成过于拥挤、狭窄的感觉，并应避免形成窝藏垃圾的死角。

底层住户小院的植物配置可以用绿篱或花墙、栅栏围合起来。小院外围绿化可作统一安排，内部则由每家自由栽花种草，布置方式和植物品种随住户喜好，但由于面积较小，植物配置宜简洁，或以盆栽植物为主。

独户别墅庭院的植物配置则通常由别墅主人根据自己的喜好来设计和布置。植物的选择和搭配应该与庭院设计风格紧密结合，以营造出和谐的氛围。但是植物的种植应该与其他造园要素相结合，因空间较小，宜选用小体量的草本植物和灌木为主，适量选用中小乔木，以保证庭院内有较好的采光和通风条件，并避免拥挤和闭塞之感。此外，有毒、有飞毛、有臭味的植物不宜选用。根据庭院主人的喜好，可以选择某些具有吉祥平安等含义的植物，如传统的"玉堂富贵"即玉兰、海棠、牡丹、桂花等。

10.4　居住区配套设施周边植物造景

居住区范围内的俱乐部、展览馆、电影院、商店、图书馆、医院、学校、幼儿园和托儿所等用地的绿化都属于配套设施用地，各种公共建筑的专用绿地要符合不同的功能要求，并和整个居住区的绿地综合起来考虑，使之成为有机的整体。

托儿所、幼儿园是对3～6岁的学龄前儿童进行教育的场所，因而周围的植物造景要针对幼儿的特点进行设计。植物品种宜丰富、多样化，应选择树形优美、少病虫害、色彩鲜艳、季相变化明显的植物，使环境丰富多彩、气氛活泼。同时也有助于儿童了解自然、热爱自然、增长知识。在儿童活动场地范围内，不宜种植占地面积过大的灌木，以防止儿童在跑动、跳跃过程中发生危险。可以在场地四周边缘和角隅种植色彩丰富的各种花灌木。考虑到儿童户外活动多，夏天需要遮阴，冬天需要充足的阳光，可选择落叶乔木作为主景植物。在主要出入口可配置儿童喜爱的、色彩造型都易被识别的植物，并用藤本攀缘植物配合花架、凉棚等为接送儿童的家长提供遮风挡雨的休息场所。

10.5　居住区道路植物造景

居住区道路如同绿色的网络，将居住区各类绿化用地联系起来，是居民日常生活的必经之地，对居住区的绿化面貌有着极大的影响。居住区道路植物造景可以有效改善小气候、减少交通噪声，具有遮阴、防护、丰富道路景观等功能，且能保护路面、美化街景，以少量的用地增加居住区的绿化覆盖面积。其植物造景可根据道路的分级、地形、交通情况等进行布置。

变化有序的干道绿化是连接各楼宇间的纽带，平面构图上这条绿带宜用冠大荫浓的行道树为主，依次沿路列植或群植，构成绿色长廊，将入口、中心绿地、楼宇间绿地有机地串联起来。但在种植的同时，要考虑植物特别是乔木与住宅间的关系，注意树木对住宅的采光、遮阴、挡风等的影响。沿干道配植时可选用开花植物和色叶植物，使植物景观随季节呈现出不同的季相特色，随着时间的变化而序列变化为一条绿色廊道，构成小区的空气走廊，形成系统有序的组合空间，达到多种景观的感受。

居住区道路植物树种的选择、树木配置的方式应不同于城市道路，形成不同于市区街道的气氛和配置方式，根据居住区的尺度可以选择一些特色的开花乔木、花灌木使得居住环境显得更为生动活泼、自然，更具人性。例如，可在道路旁边种植高大的乔木、浓密的灌木、鲜艳的花卉及绿色的草坪，也可一侧以草坪为主、一侧以乔灌结合的方式进行道路绿化（见图 10-3）。

图 10-3

学　习　笔　记

评价反馈

评价反馈包括三部分，学生自评、学生互评和教师评价。学生自评主要包括能否完成本项目理论知识的掌握、能否根据引导子任务逐步完成布置的任务（见表 10-1）。

表 10-1 任务评价表

班级：　　　　　　　　　　　姓名：　　　　　　　　　　　学号：

工作任务：优化居住区绿地植物造景设计

评价项目	评 价 标 准	分值	得分
完成度	能基本完成本次鉴赏任务	20	
精细度	赏析图文并茂，各分区植物造景设计精细	20	
设计美感	植物设计节点图有美感	20	
表达呈现	设计表现呈现效果	10	
工作态度	态度端正、工匠精神	10	
职业素质	严谨细致、符合标准	10	
沟通合作	沟通合作顺畅	10	
合　　计		100	

综合评价	学生自评 （20%）	学生互评 （30%）	教师评价 （50%）	综合得分

项目 11　单位绿地植物造景

学习目标

1. 理解单位绿地植物造景的原则与方法。
2. 能深入鉴赏并模仿单位绿地植物造景的经典案例。
3. 能进行校园场地的植物造景设计。

任务布置

　　对所在的校园进行绿地植物造景设计，要求遵循校园绿地植物造景设计的原则，主题明确，各分区植物配置详细，完成植物配置平面图、立面图、效果图、设计说明，并进行植物种植施工图的绘制，分别绘制上木、中木、下木的种植施工图及苗木表。

任务实施

引导子任务 1：查找并罗列出与单位绿地植物造景有关的标准与规范。

引导子任务 2：线上查找并鉴赏单位绿地植物造景设计经典案例，并模仿绘图。

引导子任务 3：对校园进行植物配置设计的前期调研分析。

引导子任务 4：对校园进行植物配置设计平面图绘制。

引导子任务 5：对校园进行植物配置设计立面图绘制。

引导子任务 6：对校园进行植物配置设计效果图绘制。

引导子任务 7：校园植物配置设计成果汇报与交流。

知识解读

学校绿化的主要目的是创造浓荫覆盖、花团锦簇、绿草如茵、清洁卫生、安静清幽的校园景观，为师生的工作、学习和生活提供良好的环境和场所。

11.1　校园绿地植物造景

11.1.1　幼儿园植物造景

幼儿园的植物选择应考虑儿童的心理特点和身心健康，选择形态优美、色彩鲜艳、适应性强、便于管理的植物。禁用有毒、刺、飞毛及引起过敏的植物，如黄刺玫、花椒、漆树等。同时，建筑周围应注意通风采光，距离 5m 内不能种植高大乔木。

幼儿园公共活动场地应尽量铺设草坪，在周围种植成行的乔灌木形成浓密的防护带，起防风、防尘和隔离噪声的作用。在活动器械附近，以种植遮阴的落叶乔木为主，角隅处适当点缀花灌木。有条件的幼儿园可单独设置菜园、果园或花园，以培养儿童热爱劳动的好习惯，同时为孩子们提供自然教育的空间。菜园、果园里面可以种植少量果树、油料、药材等经济植物，在周围种植成行的乔灌木形成浓密的防护带，起防风、防尘和隔离噪声的作用。

11.1.2　中小学植物造景

中小学建筑附属绿地的植物种植设计需要综合考虑建筑物的使用功能和外观特点。大门出入口、建筑门厅及庭院是校园植物造景的重点，应结合建筑、广场及主要道路进行植物造景，注重植物形态与色彩的对比和变化。可选用花灌木或地被草花植物以彰显其标识性作用，营造热情的氛围。

建筑物前后作低矮的基础栽植，5m 内不种植高大乔木。两山墙处一般种植高大乔木，以防日晒。校园道路绿化应以遮阴为主，学校周围应该沿围墙种植绿篱或乔灌木林带，与外界环境相对隔离，避免相互干扰。另外，中小学绿化树种选择与幼儿园相似。树木应挂牌，标明树种名称，以便于学生进行自然学习。

11.1.3　大学院校植物造景

大学校园一般面积较大，大体分为校前区、教学科研区、生活区、体育区、中心绿地区等，各区功能不同，对绿化的要求也不同，植物形式也应有所变化。

校前区是学校的门面和标志，是体现学校整体风格与面貌的重要区域。校前区绿化应以装饰观赏为主，衬托大门及主体建筑，突出安静、优美、庄重、大方的高等学府校园环境。该区往往包括广场和集中绿化区，其植物配置要与大门建筑形式相协调，一般以对称式植物配置为主，突出庄重典雅、简洁明快、朴素典雅的高等学府校园环境。大门内在轴线上可布置广场、花坛、水池、喷泉、雕塑等。轴线两侧对称性地布置装饰性或休憩性绿地。一般在开阔的草地上种植树丛、点缀花灌木，显得自然活泼；或配置草坪及整形修剪的绿篱、花灌木；或在主干道两侧种植高大挺拔的行道树，形成开阔的林荫大道。

教学科研区的植物配置要满足全校师生教学、科研、实验和学习的需要，应为师生提供一个安静、优美的环境，同时为学生提供一个可供课间活动的绿色空间。教学楼周围的基础绿带必须满足通风、采光和消防等基本要求，应选用低矮的花灌木和小乔木，不宜种植高大的乔木和茂密的灌木，如要种植高大乔木，则必须离建筑物 5m 以上（见图 11-1）。

图　11-1

实验楼周围的植物配置同教学楼，应综合考虑防火、防爆、抗污染及净化空气等因素。

图书馆的植物造景应体现宁静的氛围。在图书馆前可以铺设草坪，草坪内植物以孤植、丛植为主，植物种类应乔、灌、草相结合，体现层次感。

教学区道路两侧建议种植树形高大、树荫浓密的观赏乔木，在道路转弯处和建筑两窗之间则适宜种植低矮的花灌木，既不影响室内采光，又利于通风。另外，教学区应布置足够多的绿色交往空间，提倡采用自然式的布局，结合水面、花架、亭廊、坐凳等配置植物，面积较大的空间可结合自然地形，以草坪为基底，点缀雪松、合欢、无患子等树姿优美的孤植乔木，形成疏林草坪（见图 11-2）。

图　11-2

学生生活区的绿化与植物造景以方便日常起居、给学生营造轻松舒适的居住环境为目标。植物选择应以观花、观叶、观姿、芳香及抗菌防病的植物为绿化基调树种，避免选择飞絮、有毒、有刺激性和有污染性的树种。应根据不同的绿化需求，栽植一些防火、隔音、滞尘、吸收有害气体的常绿植物，如女贞、法国冬青、夹竹桃、松、柏等。宿舍区域内相对集中的绿地，可营造具有一定主题特色的植物专类园如桃园、李园、樱园等。

教工生活区的建筑周围以低矮的灌木为主，应当选择有一定文化内涵和寓意的植物，如松、竹、梅、桃、李等，体现高雅的情趣。在中心绿地应有供老人和儿童活动的区域，在儿童游戏场周围，忌用带刺和有毒树种，如夹竹桃的毒汁、黄刺玫的刺、杨柳的飞絮等均会给儿童带来危害，不建议种植。

体育运动区的植物配置以规则、简洁为主，主要起到为体育场提供绿化与遮阴的作用。应选择具有较强抗尘和抗机械破坏性能的植物，可以栽植一定面积的耐践踏草坪和成片的树林。运动场周围可考虑配置绿化隔离带，隔离带的上层配置高大的乔木，下层配置耐荫灌木，形成"绿墙"，可有效发挥滞尘和隔音的作用，减少运动噪声对外界产生的干扰。运动区过道周边可植秋色叶树种，使得夏季可遮阴、秋季可赏叶、冬日可享受阳光。

　　校园中心绿地即休闲游览区绿地是校园中的重点绿化区域，应着重打造优美的植物景观。需根据场地地形地貌、绿地面积、整体布局、周围建筑特点等因素进行植物配置。建议采用孤植、群植、片植、花境、花坛等多种植物形式，形成层次丰富的植物景观，营造"春花、秋色、夏阴、冬韵"的优美环境（见图11-3）。

图　11-3

11.2　工矿企业绿地植物造景

　　工矿企业的园林绿化是城市绿化的重要组成部分。植物造景不仅能美化厂容，吸收有害气体，阻滞尘埃，降低噪声，而且能为职工创造一个清新优美的劳动环境，振奋员工的精神，提高其劳动效率。工矿企业绿地的植物配置应重视绿化树种的选择，处理好植物与管线的关系。

　　各类工厂为保证文明生产和环境质量，应达到一定的绿地率：重工业一般占20%，精密仪器工业占50%，其他工业占25%。因此工矿企业需要想方设法通过多种途径、多种形式增加绿地面积，提高绿地率、绿视率和绿量。

　　工厂绿地应体现各自的特色和风格，合理布局，形成有机的绿地系统。在工厂建筑、道路、管线等总体布局时，要把植物配置结合进去，做到全面规划、合理布局，形成点、线、面相结合的厂区园林绿地系统。点的绿化是厂前区和中心游园的绿化，线的绿化是厂内道路、河渠及防护林带的绿化，面的绿化则是车间、仓库、料场等生产性建筑场地周边的绿化。同时，植物配置过程中也要使厂区绿化与市区街道绿化联系衔接，过渡自然。

工矿企业厂前区的植物配置要美观、整齐、大方、开朗明快，入口处的植物不应阻挡交通和人流集散，应与广场、道路、周围建筑及有关设施相协调。厂前区植物绿化一般多采用规则式或混合式，植物配置要和建筑形象相协调，与城市道路相联系，种植类型多用对植和列植。因地制宜地设置林荫道、行道树、绿篱、花坛、草坪等植物形式（见图 11-4）。

图　11-4

厂区广场周边、道路两侧的行道树，应选用冠大荫浓、生长快、耐修剪、树姿优美、高大雄伟的常绿乔木，形成外围景观或林荫道。生产车间周围的植物造景应满足车间生产安全的要求，并尽量减轻车间污染物对周围环境产生的危害，为工人提供良好的短暂休息用地。一般情况下，距生产车间 6～8m 不宜栽植高大乔木。要把车间出入口两侧绿地作为重点美化地段。各类车间生产性质不同，对环境要求也不同，必须根据车间具体情况因地制宜地进行植物设计。在车间的出入口或各车间之间的小空间，特别是宣传廊前等位置可以布置一些花坛、花台，种植花色鲜艳、姿态优美的花木。一般车间四旁绿化要从光照、遮阳、防风等方面考虑。在不影响生产的情况下，可用盆景陈设、立体绿化的方式，将车间内外绿化连成一个整体，创造一个生动的自然环境。污染较大的化工车间，不宜在其四周密植成片的树林，而应多种植低矮的花卉或草坪，以利于通风、稀释有害气体、减少污染危害。卫生净化要求较高的电子仪表等精密仪器车间周边的植物配置应选择树冠紧密、叶面粗糙、有黏膜或气孔下陷、不易产生毛絮及花粉飞扬的树木，如榆、臭椿、樟树、枫杨、女贞、冬青、黄杨、夹竹桃等。

仓库区的植物设计，要考虑消防、交通运输和装卸方便等要求，选用防火树种、禁用易燃树种、疏植高大乔木，绿化布置宜简洁。在仓库周围要留出 5～7m 宽的消防通道，装有易燃物的贮罐，周围应以草坪为主，防护堤内不种植物。露天堆场周边的植物造景，在不影响物品堆放、车辆进出、装卸方便等情况下，应栽植高大、防火、隔尘效果好的落叶阔叶树，并在外围加以隔离。

工厂小游园的植物造景一般需要重点打造。植物造景应符合游园本身的布局形式，游园的布局形式可分为自然式、规则式、混合式。可用花墙、绿篱、绿廊分隔园中空间，植物造景应与园中喷泉、山石、花廊、坐凳等园景搭配适宜，营造出步移景异的植物景观。

工厂防护林带植物造景的主要作用是吸滞粉尘、净化空气、吸收有毒气体、减轻污染和改善厂区环境。植物配置应根据污染的因素、污染的程度确立防护林带的条数、宽度和位置。应在工厂区与生活区之间、工厂区与农田交界处、工厂内各分区间、分厂、车间、设备场地之间分别设置隔离防护林带，并配置抗污染的植物品种，充分起到防护的作用。

11.3 医院绿地植物造景

对医疗机构绿地进行植物配置能有效阻滞烟尘、减弱噪声，改善医院、疗养院的小气候条件，为病人创造良好的户外环境。植物的天然疗愈功能对病人心理产生良好的作用，在医疗卫生保健方面具有积极的意义。因此对医院绿地进行合理的植物配置有很好的实际意义。

医院大门区的绿化植物造景应与街景协调一致，场地及周边作适当的绿化布置，以美化装饰为主，可适当布置装饰性花坛、花台和草坪等，周围适合种植一定数量的高大乔木以遮阴。

医院广场周围则可栽植整形绿篱、草坪、花灌木，节日期间也可用一二年生花卉作重点美化装饰，可结合停车场栽植高大遮阴乔木。

门诊楼周围绿化风格应与建筑风格协调一致，衬托、美化建筑形象。

住院部周围的小型场地在植物配置时，一般病房与传染病房要留有 30m 的间隔，并以植物进行隔离。整体的植物配置要有丰富的色彩和明显的季相变化，使长期住院的病人能感受到自然四季的交替，从而起到舒缓情绪、自然疗愈的作用。常绿树与花灌木一般各占 30% 左右。

　　手术室、化验室、放射科等空间周围应密植常绿乔灌木作隔离，不宜采用有绒毛、飞絮的植物，防止东、西晒的同时保持室内的通风和采光。

　　医院绿地植物品种应选择杀菌力强的树种，可供选择的有侧柏、圆柏、铅笔柏、雪松、油松、华山松、白皮松、红松、湿地松、火炬松、马尾松、黄山松、黑松、柳杉、黄栌、盐肤木、冬青、大叶黄杨、核桃、月桂、七叶树、合欢、刺槐、国槐、紫薇、广玉兰、木槿、大叶桉、蓝桉、柠檬桉、茉莉、女贞、石榴、枣树、枇杷、石楠、麻叶绣球、钻天杨、垂柳、栾树、臭椿及一些蔷薇科的植物等。

学 习 笔 记

评 价 反 馈

评价反馈包括三部分，学生自评、学生互评和教师评价。学生自评主要包括能否完成本项目理论知识的掌握、能否根据引导子任务逐步完成布置的任务（见表 11-1）。

表 11-1 任务评价表

班级：　　　　　　　　　　　姓名：　　　　　　　　　　　学号：

工作任务：校园植物造景优化设计

评价项目	评 价 标 准	分值	得分
完成度	能基本完成本次植物造景设计任务	20	
精细度	各分区植物造景设计精细	20	
设计美感	植物设计有美感	20	
表达呈现	平面图、立面图、效果图等设计表达效果	10	
工作态度	态度端正、工匠精神	10	
职业素质	严谨细致、符合标准	10	
沟通合作	沟通合作顺畅	10	
合　　计		100	

综合评价	学生自评 （20%）	学生互评 （30%）	教师评价 （50%）	综合得分

项目 *12* 室内空间植物造景

学习目标

1. 理解室内绿化植物造景的原则与方法。
2. 能鉴赏并模仿室内植物造景优秀案例。
3. 能进行公共场所室内植物造景设计。
4. 能进行私人空间室内植物造景设计。

任务布置

选择一个室内植物造景经典案例，深入鉴赏并借鉴其优秀做法，为学校某二级学院进行室内植物造景设计。要求基于学院室内生态环境条件选择合适的室内植物品种，植物配置满足室内功能需求，体现学院特色和亮点，具有审美价值，完成后将成果进行交流分享。

任务实施

引导子任务 1：查找室内设计标准与规范中与植物造景有关的规定。

_____

_____

引导子任务 2：选择一个室内植物造景的经典案例并查找相关资料。

_____

_____

引导子任务 3：深入鉴赏并模仿该经典案例室内植物造景做法。

_____

_____

引导子任务 4：选择学校某二级学院进行室内植物造景设计，表现方式可选择手绘或计算机制图。

_____

_____

引导子任务 5：设计成果展示、汇报，评选优秀作品。

_____

_____

引导子任务 6：挑选优秀设计方案进行实操，分小组在校内落地一个室内植物造景实景作品。

_____

_____

_____

知识解读

12.1　室内植物造景概述

　　室内植物造景是人们将自然界的植物进一步引入居室、客厅、书房、办公室等自用建筑空间以及医院、酒店、咖啡馆、展览馆等公共建筑空间的造景方式。随着人们对自然环境的重视和追求，室内植物造景已经成了一个越来越流行的室内设计趋势。

　　室内植物造景具有空间过渡与延伸、空间提示与指向、空间限定与分隔、空间柔化与美化等重要作用。

　　室内植物造景需科学地选择耐荫植物、合理地设计布局、细致地养护管理。应利用现代化的采光、采暖、通风设备来改善室内环境条件，创造既有利于植物生长，又符合人们生活和工作要求的宜人环境。

12.2　室内环境、生态条件

　　室内生态环境条件与室外环境条件大不相同，通常光照不足，空气湿度低，空气不大流通，温度较为恒定，因此并不利于植物生长。为了保证植物的生长条件，除选择较能适应室内生长的植物种类之外，还需通过人工装置的设备来改善室内光照、温度、湿度、空气等条件，以维持植物生长。

12.2.1　室内光照

　　室内限制植物生长的主要生态因子是光，如果光照强度达不到光补偿点，将导致植物生长衰弱甚至死亡。

　　室内的光照来源主要分为自然光照和人工光照两类。自然光照来源于顶窗、侧窗、屋顶、天井等处。自然光照具有植物生长所需的各种光谱成分，无须成本，但是受到纬度、季节及天气状况的影响，室内的受光面也因朝向、玻璃质量等变化不一。一般屋顶及顶窗采光最佳，受干扰少，光照及面积均较大，光照分布均匀，植物生长匀称。而侧窗采光则光照强度较低，面积较小，容易导致植物侧向生长，侧窗的朝向同样影响室内的光照强度。

　　室内的自然光照强度一般分为直射光、明亮光线、中度光线、微弱光线等几种。直射光线多分布于室内的南窗，时间较长，所以在室内的南窗部位可配置需光量大的植物种类，如仙人掌、蟹爪兰、杜鹃花等。明亮光线多分布于室内的东窗、西窗，西窗的夕阳光照尤其强烈，夏季需要适当遮挡，明亮光线所在部位可配置的植物为橡皮树、龟背竹、变叶木、苏铁、散尾葵、文竹、豆瓣绿等。中度光线多分布于室内北窗附近，或距强光窗户 2m 远处，其光照强度仅为直射光的 10% 左右，建议配置蕨类植物、万年青等种类。而光照强度最弱的微弱光线多分布于室内的 4 个墙角，光照强度仅为直射光的 3%～5%，宜配置耐荫的喜林芋、棕竹等。

当室内的自然光照不足以维持植物生长时，需设置人工光照来补充。常见的人工光照有白炽灯和荧光灯。白炽灯的外形很多，可设计成各种光源的聚光灯或平顶灯。其优点是光源集中紧凑，安装价格低廉，体积小，红光多。缺点是能量功效低，光强往往不能满足开花植物的要求，温度高而寿命短，光线分布不均匀等。因此使用白炽灯时要考虑与植物的距离不宜太近，以免灼伤。荧光灯则是更好的人工光照，其优点是能量功效大，比白炽灯放出的热量少，寿命长且光线分布均匀，有利于观叶植物的生长，缺点是安装成本较高，因此需根据实际情况进行人工光照的选择。

12.2.2　室内温度

用作室内造景的植物大多原产在热带和亚热带，因此其有效的生长温度以 18～24℃ 为宜，夜晚也以高于 10℃ 为好，切忌温度骤变。白天温度过高会导致植物过度失水，造成萎蔫，夜晚温度过低也会导致植物受损。因此有条件的可配备恒温器，以便在夜间温度下降时增添能量，另外还可以利用顶窗的启闭控制空气的流通及调节室内温度和湿度。

12.2.3　室内湿度

室内空气相对湿度过低不利于植物生长，过高则会使人感觉不舒服，一般控制在 40%～60%。如降至 25% 以下，则会导致植物生长不良，因此要预防冬季供暖时空气湿度过低的弊病。室内造景时，考虑设置水池、叠水、瀑布、喷泉等均有助于提高空气湿度。如无这些设备时，可以增加喷雾或采用套盆栽植等手段来提高空气湿度。

12.2.4　室内空气

室内空气流通较室外差，常导致植物生长不良，甚至发生叶枯、叶腐、病虫害滋生等现象，故要通过开启窗户来进行调节。此外，还可以设置空调系统的冷、热风口予以调节。

12.3　室内植物造景的形式

室内植物造景一般分为以下几种形式。

（1）点式：选用具有较高观赏价值的植物点植于窗台、桌面、茶几、墙角、橱顶等，或呈点式悬挂于空中，具有装饰和观赏的作用。

（2）直线式：选用形态较为一致的植物直线式地排列于街台、阳台、厅堂的花槽内，组成带式、折线式、方形、回纹形等，能起到区分室内不同功能、疏导和组织空间、调整室内光线等作用。

（3）曲线式：把室内植物排布成曲线形，如半圆形、圆形、S形等多种形式，组成的空间较为自由流畅。

（4）平面式：在室内一角或中央区域成片布置一系列植物，形成面状的植物景观。

（5）墙面式：在室内墙面砌置粗毛石或片石以布置植物，或在墙面上配置藤本植物，墙面式可以起遮蔽劣景的作用，也可以作为某一主体景观的衬景。

（6）隔断式：用特制的网格悬挂植物或配置藤本植物，利用垂直空间编织绿色屏障，这种形式所占用的空间较小，显得较为精致。

（7）悬空式：利用各种吊具将具有垂挂特性的植物挂在空中。通常悬挂在门廊、墙壁、阳台上，其高度不能影响人的正常活动，给人以灵动丰富的效果。也可将植物与建筑构件、装饰灯具等组合成优美的整体，以丰富空间层次、增添生活情趣。这种方式占天不占地，也称空中绿化。

（8）挂壁式：用植物与壁雕、灯具、山石、工艺品、桦树皮等构成一个完整的画面或做成托架挂在室内墙上或柱上。

12.4 公共场所室内植物造景

公共场所的室内空间需要植物配置的区域主要包括门厅、大堂、会场、办公室、接待室、餐饮空间和病房等。

12.4.1 门厅

门厅在植物配置时，首先要考虑出入的正常通行和从内到外的空间流动感。门厅空间若较大、较流畅，多采用对称式布局法，较高的门厅还可用蔓生性观叶植物吊挂，增加空间层次，既不影响视线，又能保证出入方便。有的门厅作为大型活动或庆典的展台，为突出热烈的气氛，可用鲜花做西式的花艺装饰，色彩要艳丽、明快，注意花开的色彩配比，与环境墙面既对比又和谐统一，一般浅色的墙面宜选择深色的花卉装饰，深色的墙面宜选用浅色的花卉装饰。

12.4.2 大堂

大堂作为现代建筑的核心室内空间，其功能随着时代的发展不断提高和完善。大型商场、商业酒店、机场、艺术博物馆等建筑都设计有高大宽敞的大堂，大堂空间在植物造景设计时要因地制宜，布置的植物既有区域隔断的功能，又有过渡空间、引申空间的作用，要使人有一个舒适、向往的共享空间。

大堂室内植物配置时，需要考虑多个方面。空间宽敞、高大的大堂应使用相对高大的观叶植物作为主景，中间穿插高低有序的低矮植物，使之形成热带山林的自然景观。有的大堂背景设有山石、飞瀑、流泉或小桥流水，植物的配置结合这些景观要素更易形成自然之趣，宛若天成。若大堂楼层较高，可在二层靠近大堂一侧的墙边上安装装饰花槽，配置轻盈下垂的蔓生植物，增加空间层次的立体感。另外还需要考虑植物对室内环境如室内光线、温度、湿度的需求，选择适合大堂环境的植物种类。配置方式也需要根据植物的高度和形状进行分层配置，使环境具有空气流动感。此外，还需根据大堂本身的室内设计风格选择合适形态和配色的植物，让大堂整体设计协调而美观。最后，在进行设计时还需要考虑植物的日常维护和保养，选择易于管理的植物种类，以保持大堂植物的健康与可持续性。

12.4.3　会场

会场有大、中、小之分，植物配置应根据会场的大小、会场的性质来布置。小型会议的会场中间一般留有低于台面的花槽或留空的地面空间。低于台面的花槽中可以摆设室内花卉或观叶植物的组景，也可布置插花作品，高度一般不高于台面 10cm，以免影响视线。中型会议的会场一般将会议桌排列成"口"字形，中间留出空地，空地上一般将盆花自然式布局或排列成规则图案，也可用西方花艺布置。这类布置方式不但能充实空间，缩短人与人之间的距离，还可活跃气氛，让人宛如置身于生机勃勃的自然之中。大型会议的会场布置重点是主席台的布置。主席台的台口一般用两排盆花整齐摆放，后排盆花高于前排，但要低于台口 1/3，前排盆花下面用低矮观叶植物做烘托，以不暴露花盆为佳。主席台的桌面宜摆放花艺作品，起到画龙点睛的作用。

12.4.4　办公室

办公室属于各类工作人员终日办公的场所，应根据办公室的性质和办公人员的喜好，确定植物材料及其摆放位置。一般植物造景风格宁静、典雅、大方、色彩清丽而不过分浮华，使办公室人员工作舒畅、轻松振奋。办公室桌面宜放置小型盆栽植物为主，如秋海棠、合果芋、竹芋等。办公室地面的墙角处可以放置中大型的植物，如橡皮树、琴叶榕、千年木等。结合木网格、铁艺、竹材对办公室墙面进行植物配置可以充分利用垂直空间，增加室内绿化面积。墙面空间适宜配置的植物有垂吊类的常春藤、吊兰；板植类的板植鹿角蕨、板植兰花以及花艺类的壁挂花艺等，精心设计的植物墙面可以成为办公室赏心悦目的自然景观。

12.4.5　接待室

接待室绿化装饰的要求与客厅相似，应让人感到大方和盛情，最好能有自己的特色以吸引来宾。接待室的家具多作周边式布局，中间摆放茶几，留有较大的空间。绿化装饰应适应这种空间环境，将大型的盆栽植物布置在四周沙发旁、墙角等死空间。在主要来宾和主人之间的茶几上放上少量热情洋溢的盆花即可。

12.4.6　餐饮空间

酒楼茶坊、咖啡厅、餐馆是现代建筑的重要组成部分。除了美食和优质服务外，优美的室内植物造景也是增加餐厅魅力的重要手段。餐饮空间具有很强的文化特征。茶余饭后的休闲有益于人们的身心健康和交流，因此餐饮空间的植物配置应该与餐厅的文化与风格相匹配，以营造出和谐统一的感觉。现代化的餐厅适宜选择现代简约的植物配置方式或直接搭配现代风格的花艺作品，而传统的咖啡馆或餐厅则考虑搭配古典风的植物配置，选择的植物容器也应符合传统古典气息（见图 12-1）。

图　12-1

通过将主景植物放置在房间的核心位置或者在餐桌上设置悬挂盆栽，以此来打造引人注目的视觉焦点。这些区域可以集中展示个别大型植物，或者搭配小型植物组成的错落有致的组团整体，以吸引顾客的目光，营造出温馨舒适的氛围。

　　总之，在餐饮空间中进行室内植物造景是提升餐厅环境质量的好方法。通过选择适合餐饮空间室内环境的植物创建视觉焦点，同时注意植物的保养，可以创造出舒适温馨的就餐环境，为顾客带来更好的就餐体验。

12.4.7　病房

　　病房是病人休养的地方，应该装饰让病人缓解情绪、减轻焦虑、有助于病人恢复的植物。适宜配置淡雅的室内观叶植物或有清新香味的香花植物，如九里香、吊兰、芦荟、使君子、百合花等，不应选择一些花期短、气味过于浓郁、有毒性的植物。合理的植物搭配能让病人看到自然界的生机和活力，有助于病人树立战胜疾病的信心。

12.5　私人家庭室内植物造景

　　私人家庭居室的细分功能空间主要包括玄关、客厅、餐厅、卧室、书房、厨房、楼梯和阳台等。为私人居室配置植物时，应该把握以下几个方面。

　　（1）协调统一，相互呼应。植物造景应注意与建筑和房间的装饰风格、室内陈设、光线明暗以及室内家具的形态、颜色、质地等相互协调和适应。

　　（2）主次分明，合理搭配。植物布景是一个有机整体，不同的季节里植物摆放位置都有主有次、有重点与一般的布局问题，私人居所的植物造景应依时而变，各个季节有不同的植物景观，使得居住的环境新鲜且具有活力。

　　（3）点、线、面有机结合。私人居所的植物造景通过点、线、面的有机运用和结合，可以让植物与室内环境产生"呼吁""和声""共鸣"的效果，形成一幅生动的画卷。

12.5.1　玄关

　　玄关空间狭小，又经常有人走动，此处配置叶片过于繁茂、浓密的植物会影响人的正常行走，所以最好配置一些高大纤细的植物，避免行人受到摩擦、损伤。若玄关处的光照条件较好，也可以考虑使用攀缘植物打造垂直绿化空间。在合适的光照下，攀缘植物尽情地沿着盆架生长或爬满四周，则会给这一狭小的空间带来绿色与活力。

12.5.2　客厅

　　现代客厅的植物造景力求简洁明朗、朴素大方、和谐统一。宜在客厅的角落、楼梯、沙发旁配置巴西木、春羽、香龙血树、棕竹、南洋杉、橡皮树等观叶植物，在茶几和桌上可放置小型观叶植物如蕨类、金雪万年青、花叶芋，也可放置插花作品，有"万绿丛中一点红"之妙。

12.5.3　餐厅

餐厅是每日一家团聚的重要场所，一般在入口处、柜台旁及餐桌区四周部位设立花池或花箱，布置绿叶类植物。餐桌上可布置一些淡雅的插花，也可在餐厅中央放置大型瓶花等。具体设计还应根据主人的喜好与需求，根据餐厅不同的风格进行植物造景。

12.5.4　卧室

卧室是人们休息、睡眠的场所，具有很强的私密性。卧室植物配置宜体现温馨、宁静、舒适的情调。卧室摆放的植物宜少而精，以仙人掌科、景天科植物为佳。这是因为大多数植物夜间会进行呼吸作用，即吸收氧气释放二氧化碳，使室内二氧化碳浓度提高，不利于人体的健康，而仙人科和景天科植物的气孔在白天是关闭的，在夜间则开放气孔吸收二氧化碳。我们把这一类植物称为 CAM 植物，包括仙人掌科（花牡丹、蟹爪兰、令箭荷花等）、凤梨科（如紫花凤梨、丽穗凤梨、火炬凤梨等）、龙舌兰科（如酒瓶兰、虎尾兰等）植物。

卧室的植物配置在色彩上应考虑多用柔和、淡雅的色彩，少用对比色，营造轻松、静谧的睡眠氛围。在卧室的矮柜、床头柜、梳妆台、窗台可选用线条优美、造型优雅的插花，也可用植株矮小的盆栽观叶植物、水养植物，若选用香花植物，则考虑选择水仙、茉莉、月季等淡雅清香的花卉，数量不宜过多。

12.5.5　书房

书房是阅读、写作的地方，植物配置应营造安静、专注的氛围。可以选择体态轻盈、姿态潇洒、文雅娴静、花语清素、气味芬芳的植物，如文竹、君子兰、吊竹梅、常春藤等，摆放在书桌、书架或博古架上点缀空间。同时注意不要选择色彩过于艳丽的花卉，数量应少而精，以保持清净的环境。还可以使用小型插花、壁挂式观叶植物等进行装饰，以凸显书房的清幽与典雅。

12.5.6　厨房

厨房空间有限，可利用窗边、角柜空间、墙壁空间布置观叶植物。而且厨房通常缺少阳光，应选择喜阴植物，如大王万年青、星点兰等。在布置时不宜放大型植物，应选择小型吊挂盆栽较为适合，配置时应做到美化环境且不影响餐厨操作。另外，厨房的温度较高，空气湿度不稳定且含有油烟，对植物生存不利。

12.5.7　楼梯

建筑的楼梯常形成阴暗、不舒服的死角。配置植物既可遮住死角，又可起到美化的效果。较宽的楼梯，每级配置一盆花或观叶植物。在宽阔的转角平台上，可配置一些大型的植物，如橡皮树、龟背竹、龙血树、棕竹等。扶手栏杆可用藤蔓植物如常春藤、喜林芋等，任其缠绕，使周围环境的自然气氛倍增。

12.5.8 阳台

阳台作为家庭的阳光室，可选择喜光照、耐高温的观花观果类植物进行装饰，如扶桑、月季、荷包牡丹、康乃馨等。在选择植物时要考虑阳台的朝向，南向和东向阳台适合喜光、耐旱的植物，北向阳台应选择耐阴植物，而西向阳台由于西晒应主要考虑耐高温植物。布置时可以利用垂吊或组合架的形式加以布置，形成高低有序、层次分明的格局。在布置时要注意空间留白，避免杂乱无章，切忌过于拥挤。

12.6 室内植物品种选择

12.6.1 室内观叶植物

室内观叶植物种类繁多，目前全世界室内观叶植物有 1000 种以上。大部分种类可归为龙血树类植物、棕榈类植物、天南星科植物、竹芋类和蕨类。

（1）龙血树类：目前较流行的香龙血树即属此类，是室内植物中观赏叶形、叶色的代表种类，在室内散射光下生长良好。

（2）棕榈类植物：常见的有棕榈属、散尾葵属、鱼尾葵属等，多分布于热带、亚热带地区。室内装饰宜选树形优美、矮小且在散射光下生长良好的种类，可增添热带风光。

（3）天南星科植物：目前国内外常见的室内观叶植物主要有龟背竹、花叶芋、花叶万年青、广东万年青、海芋、花烛、喜林芋、合果芋等。它们大多原产于热带雨林中，喜高温高湿，耐阴，适宜室内栽培。其中一些种类由于叶形奇特，叶色鲜艳，已被人们大量用于室内绿化。

（4）竹芋类：常见的有肖竹芋属、竹芋属、卧花竹芋属和密花竹芋属。分布于热带雨林，喜温暖湿润和半阴环境。

（5）蕨类：目前常用在室内的有铁线蕨、肾蕨、鸟巢蕨、鹿角蕨等。它们大多原产于温带和亚热带，喜温暖和阴湿的环境，是室内的理想植物。

12.6.2 室内观花植物

室内观花植物从性状上可分为木本、草本两种类型。

（1）木本类：白兰花、米兰、扶桑、木芙蓉、茉莉花、八仙花、叶子花、山茶、栀子、龙船花、桂花、龙吐珠等。

（2）草本类：瓜叶菊、朱顶红、鸡冠花、风信子、非洲菊、大丽花、石竹、长春花、长寿花、天竺葵、苏丹凤仙、四季秋海棠、球根秋海棠、仙客来、四季樱草、美女樱、荷包花、玉簪、水仙、蝴蝶兰、鹤望兰、春兰、蕙兰、建兰、墨兰等。

12.6.3　室内观果植物

室内观果植物主要有金橘、佛手、五色椒、冬珊瑚、南天竹、阔叶十大功劳、火棘、紫珠、石榴等。

12.7　室内植物养护管理

由于室内环境条件的特殊性，对室内植物的养护管理也相应地较为独特。

12.7.1　室内植物的"光适应"

室内光照低，植物突然由高光照移入低光照下生长，常因适应不了导致死亡。因而最好在移入室内之前，先进行一段时间的"光适应"，置于比原来生长条件光照略低，但高于将来室内的生长环境中。这段时间植物由于光照低，受到的生理压力会引起光合速率降低，利用体内贮存物质。同时，通过努力增加叶绿素含量、调整叶绿体的排列、降低呼吸速率等变化来提高对低光照的利用率。适应顺利者，叶绿素增加了，叶绿体基本进行了重新排列。可能掉了不少老叶，而产生了一些新叶，植株可以存活下来。

一些阴生观叶植物，如从开始繁殖到完成生长期间都处于遮阴条件则是最好的光适应方式，所获得的植株光补偿点低，能有效地利用室内的低光照，而且寿命长。一些耐阴的木本植物，如垂叶榕需在全日照下培育，以获得健壮的树体，但在移入室内之前，必须先在比原来光照较低处得以适应，以后移到室内环境后，仍将进一步加深适应，直至每一片叶子都在新的生长环境条件下产生后才算完成。植物对低光照条件的适应程度与时间长短及本身体量、年龄有关，也受到施肥、温度等外部因素的影响。通常需 6 周至 6 个月，甚至更长时间，大型的垂叶榕，至少要 3 个月，而小型的盆栽植物所需的时间则短得多。正确的营养，对帮助植物适应低光照环境是很重要的，一般情况下，当植物处于光适应阶段，应减少施肥量。温度的升高会引起呼吸率和光补偿点的升高，因此，在移入室内前，低温栽培环境对光适应来讲较为理想。

有些植物虽然对光量需求不大，但由于生长环境光线太低，生长不良，需要适时将它们重新放回到高光照下去复壮。由于植株在低光照下产生的叶片已适应了低光照的环境，若突然光照过强，叶片会产生灼伤、变褐等严重的伤害。因此，最好将它们移入比原先生长环境高不到 5 倍的光强下适应生长。

12.7.2　栽培方式

1. 土培

主要用园土、泥炭土、腐叶土、沙等混合成肥沃的盆土。香港优质盆土的配制是黏土∶泥炭土∶沙∶蛭石 = 1∶2∶1∶1。每盆栽植一种植物，便于管理。如果在一大盆中栽植多种植物形成组合栽植则管理较为复杂，但观赏效果大大提高。组合栽植要选择对光照、温度、水分、湿度要求差别较小的植物种类配植在一起，高低错落，各展其姿，也可在其中插以水管，插上几朵应时花卉。如可将孔雀木、吊竹梅、紫叶秋海棠、变叶木、银边常春藤、白斑亮丝草等配植在一起。

2. 介质培和水培

以泥土为基质的盆栽虽历史悠久，但因卫生差，作为室内栽培方式已不太相宜，尤其不宜用于病房，以免土中某些真菌有损病人体质，但介质培和水培就可克服此缺点。作为介质的材料有陶砾、珍珠岩、蛭石、浮石、锯末、花生壳、泥炭、沙等。常用的比例为以下几种：泥炭∶珍珠岩∶沙 = 2∶2∶1；泥炭∶浮石∶沙 = 2∶2∶1；泥炭∶沙 = 1∶1；泥炭∶沙 = 3∶1等。加入营养液后，可给植物提供氧、水、养分及对根部具有固定和支持作用。

适宜作为无土栽培的植物，常见的有鸭脚木、八角金盘、熊掌木、散尾葵、金山葵、袖珍椰子、龙血树类、垂叶榕、橡皮树、南洋杉、变叶木、龟背竹、绿萝、铁线蕨、肾蕨、巢蕨、朱蕉、海芋、洋常春藤、孔雀木等。

3. 附生栽培

热带地区，尤其在雨林中有众多的附生植物，它们不需泥土，常附生在其他植株、朽木上。利用被附生植株上的植物纤维或本身基部枯死的根、叶等植物体作附生的基质。附生植物景观非常美丽，常为展览温室中重点景观的主要栽培方式。作为附生栽培的支持物可用树蕨、朽木、棕榈干、木板甚至岩石等，附生的介质可采用蕨类的根、水苔、木屑、树皮、椰子或棕榈的叶鞘纤维、椰壳纤维等。将植物根部包上介质，再捆扎，附在支持物上。日常管理中要注意喷水，提高空气湿度即可。常见的附生栽培植物有兰科植物、凤梨科植物、蕨类植物中的铁线蕨、水龙骨属、鹿角蕨、骨补碎属、肾蕨、巢蕨等。

4. 瓶栽

需要高温高湿的小型植物可采用此种栽培方式。利用无色透明的广口瓶等玻璃器皿，选择植株矮小、生长缓慢的植物如虎耳草、豆瓣绿、网纹草、冷水花、吊兰及仙人掌类植物等植于瓶内，配植得当，饶有趣味。瓶栽植物可置于案头，也可悬吊。

12.7.3　浇水、施肥与清洁

室内植物由于光照弱，生理活动较缓慢，浇水量大大低于室外植物，故宁可少浇水，不可浇过量。一般每3～7天浇水一次，春、夏生长季适当多浇。目前很多国家室内栽培采用介质培和水培，容器都备有半自动浇灌系统，植物所需的养分也从液体肥料中获得。容器底层设有水箱，一边有注水孔，一边有水位指示器显示最高水位及最低水位。容器中填充的介质，利用毛细管作用或纱布条渗水作用将容器底部的水和液体肥料吸收到植株的根部。

通常对室内植物施肥前，先浇水使盆土潮湿，然后用液体肥料来施肥。观叶和夏季开花的植物在夏季和初秋施肥，冬季开花的植物在秋末和春季施肥。

用温水定时细心地擦洗大的叶片，叶面会更加光洁美丽，清除尘埃后的叶面也可更多地吸收二氧化碳。对于叶片小的室内植物，定期喷水也会起到同样效果。

学 习 笔 记

评 价 反 馈

评价反馈包括三部分，学生自评、学生互评和教师评价。学生自评主要包括能否完成本项目理论知识的掌握，能否根据引导子任务逐步完成布置的任务（见表 12-1）。

表 12-1　任务评价表

班级：　　　　　　　　　　姓名：　　　　　　　　　　　　学号：

工作任务：为本校某二级学院办公楼设计室内植物造景

评价项目	评 价 标 准	分值	得分
完成度	能基本完成本次任务	20	
精细度	设计图文并茂，各分区植物造景设计精细	20	
设计美感	植物设计节点图有美感	20	
表达呈现	植物设计的表达准确、美观	10	
工作态度	态度端正、工匠精神	10	
职业素质	严谨细致、符合标准	10	
沟通合作	沟通合作顺畅	10	
合　　计		100	

综合评价	学生自评 （20%）	学生互评 （30%）	教师评价 （50%）	综合得分

参考文献

[1] 苏雪痕.植物造景[M].北京：中国林业出版社，1994.

[2] 关文灵.园林植物造景[M].2版.北京：中国水利水电出版社，2017.

[3] 刘国华.园林植物造景[M].2版.北京：中国农业出版社，2019.

[4] 姜凌云.居住区植物造景发展趋势[J].湖南园林，2007，54（19）：15.

[5] 陶芳.浅谈影响园林植物景观美感要素[J].现代园艺，2011，34（13）：126.